枕边小品：你的人生解答书

文若愚 \ 编著

不被物惊，不为情困
不受世扰，笑对人生

中国华侨出版社

北京

没有人能改变昨天的事实，
也没有人能够预料明天的情况，
但是今天，却是谁都能抓住的。

阻碍我们前进的，

往往不是未知而是已知。

其实，

生命永远蕴含着无限希望

和可能性，

当陷入绝境时，我们需要

做的，

只是向旧日的自己突围。

没有解决不了的问题，

只有不合适的解决方式。

再大的困难也会有解决的办法，

关键就在于要从问题出现的根源上

下手，

而非小修小补。

运气是个哑巴，

如果它到来时你的门是关着的，

它便会悄悄离开，

而不是开口叫门。

所以说，

好运并非都是偶然的，

至少你要先准备好一扇开着的门。

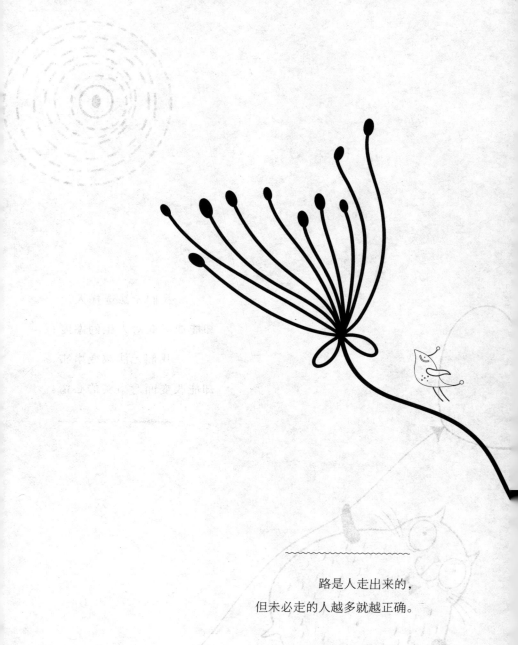

路是人走出来的，
但未必走的人越多就越正确。

我们无法选择人生，

却能选择面对人生的态度；

我们无法改变事实，

却能改变面对事实的心情。

前言
PREFACE

　　哲人说："一粒沙里一个世界，一朵野花里一座天堂，把无限放在你的手掌上，永恒在一刹那里收藏。"生活中一些平凡的小事物里往往包含着深刻的人生道理，比起抽象的理论，它们能以更简单、更直接、更迅捷的方式把道理揭示出来，拨动我们的心灵，让我们于瞬间豁然开朗。因此，与其在长篇累牍的抽象理论中费尽心思，不如读一分钟的小故事更让人醍醐灌顶，了然于心。好的故事关键不在于它有多长，而在于它有多少内涵，具有多少思想的重量；精华的思想关键不在于它从谁的口中说出来，而在于它验证过多少事实，有多少实际的指导意义。

　　这是一本放在枕边阅读的书，当然它也是可以在任何地方拿起来翻开的书。书中所选的小故事虽简短，却绝不庸俗，绝不单薄，它们都趣味横生，同时包含着深刻的生活内涵和无穷的人生智慧，为你开启一扇启迪之门，引领你进入一个豁然开朗的境界。每个小故事中的"枕边寄语"称得上是点睛之笔，语言简洁有力，说理生动活泼，甚至不乏幽默，能时时激起你思想的震荡，点燃你内心深处的智慧火花，引导你拨开理论的迷雾，用心灵直接感悟生命的真谛，找到幸福和成功的答案。

本书内容丰富，在其中你可以领略古人的智慧和今人的务实，你能找到经济学大师思想的轨迹，也能寻觅到哲学家的思维光芒，更多的，你能体会到小人物在生活、事业、情感等诸多方面所展现出的聪慧。阅读这些故事能让你获得有益的人生经验和教训，使你的意志更加坚强，人格更加健全……它们是你迷失时的灯塔，也是你春风得意时的镇静剂，不断引导你更深刻地理解和把握人生，明智而从容地面对人生道路上的各种问题，避免走弯路或重蹈覆辙，顺利、快速地走向成功和幸福。

不论你从事何种事情——学习、工作、创业，你都能通过阅读书中的小故事找到相应的哲理来指导自己。如果你是孩子，你能从这本书中学习如何成长，如果你是青年，你能从这本书中学习如何经营人生……阅读这本书，一定能让你的心灵感受到美与力量，得到智慧的启迪。

第二章　愿你的青春不负梦想

第四章 别在该努力的时候只谈梦想

第五章　别让你的人生输给了心态

第七章　不是没出路，是你没思路

第八章　你若贪图简单，人生就会越变越难

第九章　人生无法做到完美，我们尽力就好了

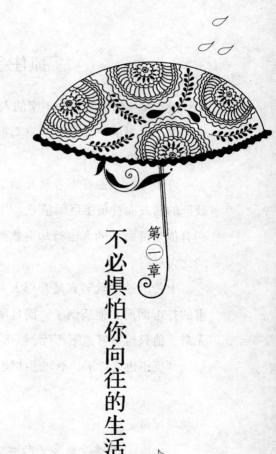

第一章

不必惧怕你向往的生活

抓住今天

爱德华·依文斯是个不幸的人。小时候，由于家庭条件太差，他失去了读书的机会，只能靠卖报纸、当杂货店店员或者助理图书管理员来维持生活。

许多年后，他好不容易开始了自己的事业，却因担保了一个破产的朋友而背负了巨额债务。当他准备赔上全部的家产抵债时，存有他全部财产的大银行却突然倒闭了。事业、财富，一切在瞬间化为乌有。

上帝的这个玩笑真是开得太大了，爱德华一下子垮在了这沉重的打击面前，他病倒了，而且所有的医生都无法再医治好他。无奈，他只得写好遗嘱等死。

"反正也要死了，不如想些快乐的事情吧。"爱德华一边安慰

枕边寄语

　　没有人能够改变昨天的事实，也没有人能够预料明天的情况，但是今天，却是谁都能抓住的。努力抓住每一个今天，我们的一生才能活得精彩。

自己，一边回忆着从小到大那些琐碎的快乐瞬间。时间一天天地过去了，奇怪的是，他不但没有死去，反倒一天天地好了起来。几个月之后，原本连动都不能动的他竟然能和正常人一样下床走路了。

重新站起来的爱德华顿悟了一个道理，他再也不去想以前的失败，也不再去担心明天的打击，而是一门心思地抓住今天好好干起来。结果，他的事业迅速发展了起来，几年之后，他已经是依文斯工业公司的董事长了。

不一样的鲜血

为了逃避警察的追捕，这位抢劫犯手持尖刀劫持了一位孕妇做人质。此刻，抢劫犯手上的鲜血正一滴一滴地浸染着孕妇的衣服——是那个刚刚被他抢劫又被杀害的人的血。

受到这样的惊吓，本已经临近预产期的孕妇突然要生产了。只听她痛苦地呻吟着，下身的血迅速染红了下衣，情况甚是危急。

枕边寄语

无论是谁，心底都始终存留着一个纯洁善良的角落，这是人们大幸福的根基和源泉。排除各种欲望对这个角落的侵犯，我们便能寻找到最原始的朴素与真实。

　　怎么办？抢劫犯一下子陷入了深深的矛盾中：一边是遥遥无期的牢狱生活甚至是死刑，一边是即将出生的小生命，怎么办？艰难的思索、艰难的思索、思索……终于，他缓缓地抬起了手，扔掉了刀子，围观的群众顿时一片欢呼。

　　但当警察一拥而上想给他铐上手铐时，他却大声地说道："请等一下，不要送那个孕妇上医院，她撑不到医院的。让我来吧，我是医生，请相信我，请相信我好吗？"犹豫片刻，警察终于相信了他。

……

一声响亮的啼哭声宣布了新生命的诞生！抢劫犯的双手再一次沾满了鲜血——是与刚才不一样的鲜血。

围观的人们注意到，当警察再一次铐住抢劫犯的双手时，他的脸上挂着一丝满足的微笑，纯洁、明净，如初生儿一般。

李斯寻"粮仓"

秦始皇的丞相李斯在中国历史上占有重要的一席之地，但他可不是从来都声名显赫的。在成功之前，他不过是一个小小的粮仓管理员，而之所以能够走出辉煌的人生，还要感谢那群"人人喊打"的老鼠。

26 岁时，李斯在楚国上蔡县某粮仓任文书，对这份薪水不错又颇为清闲的工作，他感觉甚是满意。

枕边寄语

人，应该学会借助外力。要想成功，个人的勤奋和努力固然必不可少，但是寻找一个更高的发展平台，不是会更容易一些吗？

一天，李斯去茅厕解决内急时发现了一群瘦小干枯、毛色灰暗的老鼠，老鼠饿得吱吱叫，连行动都不再敏捷了。李斯极其惊诧，因为他在仓库里看到的老鼠每一只都吃得圆头大耳、皮毛油亮。同是鼠类，因为在仓在厕的不同，便活出了不同的天地！

想到这里，李斯突然大悟道：人，不也一样吗？同是为人，位置不同，命运便会大不相同。那些身在京城的高官贵族，一个个志得意满、日进万贯，自己活在这小小的上蔡城里却要靠每日的辛苦挣钱为生。但即便这样，自己竟然还如此满足！这些想法顿时让李斯满心羞愧：原来，自己之所以怡然自得，只因为从未想到还有"粮仓"存在啊！

第二天，李斯就开始了他的寻找"粮仓"之路。

一枚钻戒

这是小米的第一份工作，在现在这个大学生都迅速贬值的年代，她一个中专生能找到一份珠宝店售货员的工作已经很不容易了，所以她非常珍惜。

因为下着雨，店里面冷冷清清的，眼看着下班时间逼近，小米收拾东西准备回家了。

这时候，门外走进来一个戴帽子的中年人。他看起来精神萎靡，一幅病恹恹的样子，似乎已经被穷困潦倒的生活折磨得失去了生机。

中年人让小米拿出那盒亮晶晶的钻戒给他看，过了一会儿，他便一言不发地转身走了。收拾钻戒盒时，小米感到大脑"轰"地一声：里面少了一枚钻戒！

"不，"她在心里告诉自己，"我一定要保住这份工作，一定要！"

"先生，"她冲那位中年人喊了一声，刚喊出声她便后悔了——店里现在没有其他人，他会不会……但是已经管不了那么多了。小米顺手拿起一把店主准备扔掉的旧伞走了过去："先生，外面下雨了，这把伞你带上吧！"

小米把伞递了过去，同时，她伸出了右手："再见。"

那位中年人先是愣了一下，然后缓缓伸出手跟她握了握，接过伞走了。

回到柜台前，小米把手心里的那枚钻戒按进了盒里，长出了一口气。

枕边寄语

面对犯了错的对方，理解和宽容永远比暴怒和惩罚更具力量，它不但能让你和对方都有后路可退，还能让一位失足者回头是岸。

躺在树下的农夫

农夫家境贫寒，却又十分懒惰，而且没有谁能劝得了他。在大好的天气里，别人都忙着农事，他却独自躺在村边的树荫下乘凉。

一个下田干活的邻居看到快秋收了他还像个没事儿人似的躺着，便劝他道："快点起来吧，你这么活着可不行。"

"那怎么活着才行呢？"农夫问。

这位邻居向来以能说会道著称，见他发问，便立刻说道："你的家境不好，所以你应该比别人更勤劳，起早贪黑地把你田里的庄稼种好，春天时不要懒于播种，夏天时不要懒于除草，秋天时更不要懒于收获。"

"这又能怎么样呢？"农夫问。

"这样你就可以收获很多的粮食啊！"邻居答，"到时候你再省吃俭用一点，就可以把剩下的粮食拿来换钱。有了钱，你就能再多买些田地。有了更多的田地，你就可以打更多的粮，换更多的钱。这样周而复始，早晚有一天，你会成为小富翁的。到了那时候，你就再也用不着干活了。你可以雇工人给你干，也可以买骡马帮你干，而且你还能想吃什么吃什么，想喝什么喝什么……"

看邻居讲得眉飞色舞、头头是道，农夫不觉把上身挺直了起来。"那我呢？"农夫问道。

　　看到从来没有被说动过的农夫因被自己吸引而坐了起来，邻居得意地挥手说道："你当然就自在了啊，把活全交给别人去干，你就可以舒舒服服躺在树荫下休息了。"

　　"哦，既然这样，那就不用了吧。"农夫边说边又躺了下去，"你看，我现在不正舒舒服服地躺在树荫下吗？"

枕边寄语

　　如果有贪图安逸的资本，大可以享受一下眼前的幸福，虽然这样会错过更美的风景。但如果不具备享受的资本，还要贪图安逸，最后等来的恐怕只能是受穷了。

金·奥特雷的成功之路

在美国音乐界，金·奥特雷是个响当当的人物，他独特的音色与演唱风格，为他赢得了数不尽的鲜花与掌声。但是如同大多数名人一样，在成功之前，他也走了一段弯路。

金·奥特雷出生于美国得克萨斯州的乡下，刚到纽约发展时他觉得自己满口的家乡话又土气又难听，所以决心改掉乡音，像个城里的绅士那样说话和做事。从此，他便自称为纽约人，与人交流时也会小心翼翼地行动，一板一眼地遵循着当地绅士的行为标准。但是尽管他处处精心模仿，人们还是看出了他的矫揉造作之态，因此动不动就在私下里耻笑他，甚至大肆攻击他是个"伪君子"。

得知大家对自己是这种评价后，金·奥特雷一时陷入了极度的迷茫中，他不晓得自己应该怎么做。想了许久之后，他决定做回原来的自己——如果造假是令人讨厌的行为，那么就来真的吧，

枕边寄语

每个人都是独一无二的，保持本色，显现出个人的特点，你才可能尽快抵达梦想中的成功。虽然模仿别人未必不是成功之路，但就像假币一样，即便被接受，自身也并无多大价值。这一点，在艺术界尤为明显。

哪怕人们因此更笑话自己的土气，最起码自己不会那么累。

但是连金·奥特雷自己也没想到，当他操着自己原有的音色演唱属于家乡的老歌时，听众们竟然听得如痴如醉。从此，他便开始了他那了不起的演艺生涯，并最终成为世界上在电影和广播两方面皆负盛名的西部歌星之一。

鸡尾酒

中国人、俄国人、法国人、德国人、意大利人和美国人一起参加一次盛大的宴会。席间，大家都大谈特谈起自己国家的民族精神和文化传统来，唯有美国人沉默不语，一边品着美酒，一边微笑着看争得面红耳赤的众人。

看到美国人这副模样，其他几个国家的人得意洋洋地问道："怎么了？不服气？那我们就让你见识见识。"

于是，中国人拿出了自己的民族特色——古色古香、香气四溢的茅台酒敬给大家，而俄国人紧接着拿出了以烈性著称的伏特加，接下来是法国人的大香槟和意大利人的葡萄酒，最后大家品尝的是德国人的威士忌。轮到美国人敬酒时，大家都颇为自得地看着他，心想我看你拿什么出来。

没想到美国人一点也不着急，只见他不慌不忙地站起来，从桌上拿起一个空杯，然后把大家先前拿出的各种酒都倒了一点进

去，摇了摇说："这就是鸡尾酒，它正好体现了我们美国的民族精神——博采众长，综合创造。现在，我就把它敬给大家。"

听了这句话，其他国家的人全都呆了。

枕边寄语

倘若能够博采众家之长，吸纳别人优点为己所用，这个人必然会成为无往不胜的大智慧者。只是，要想做到这一点，必须首先把敏锐的眼光、宽广的胸怀和融会贯通的能力培养起来。

生命的意义

他原本是位诗人，因为无人欣赏而停止创作，改为深思人生的意义。他思考来思考去，认为人生就像一场梦，死才是梦的初醒，所以他决定自杀。

他从家里拿了一把铁锹，走到郊外开始给自己挖坟坑。坟坑挖好时，他想起了那3本厚厚的诗集，那可是自己多年来的心血，即便是死，也一定要带在身边，于是他转身回家去拿。等到他再次一脸颓废地来到坟坑前时，他惊讶地张大了嘴巴：几个小孩子正兴致勃勃地在自己的坟坑上玩耍，只见他们用长短不一的木棒架在土坑的上边，铺上一层厚厚的宽草叶，然后开始往"地基"上培土。

"你们在干什么？"诗人问孩子们。

"我们要建一座城堡。"孩子们边忙边回答他。

"建城堡？你们觉得这样做有意义吗？"诗人又问道。

枕边寄语

什么事情都不做，却想思索出人生的意义，最终只会把自己逼到虚无的边缘上。而投入地去做眼前的每一件小事，反倒能给生命找到一个积极的答案。

"意义？意义是什么东西？"孩子们迷惑地眨着眼睛，"一会儿，我们的城堡就建起来了，建好了这个，我们还会再建一座。你要不要加入我们？这很好玩的。"孩子们天真地说。

看着孩子们快乐无比的样子，诗人突然明白了：原来生命的意义就在于做事，然后从做事中体会快乐啊！

范教授装轮胎

为了研究一个课题，教心理学的范教授来到了市精神病院。在那里，他见识到许多种行事出人意料的精神病人，觉得很有收获。

傍晚准备返回时，范教授惊讶地发现自己的前车胎被人卸掉了一个。

"一定是哪个精神障碍者干的！"范教授真是气不打一处来。但是生气归生气，正常人总不能去跟那些疯子们计较啊！这样想着，他便把备用胎拖了过来。

可是当他试图装备用胎时，才发现了事情的严重性——那个疯子不但卸掉了他的轮胎，还拿走了他的螺丝。

"这可怎么办啊？"范教授这样想着，差点郁闷得晕过去，没有螺丝有备用胎也装不上啊！

正一筹莫展间，一个精神障碍者拍着巴掌唱着歌走了过来。"怎么了你？"那精神障碍者抓了抓范教授的脑袋。

范教授本来懒得理他，可是想想惹火了精神障碍者不知道会出现什么后果，他还是很礼貌地告诉了他。

"噢，"那精神障碍者尖叫了一声，"你这个笨蛋，看我的！"说着，精神障碍者便动手从每个轮胎上卸下一个螺丝。

当3个螺丝递到范教授手里时，原本以为对方只会捣乱的范教授惊奇地睁大了眼睛："对啊，3个螺丝就能将备用胎装上了！

你是怎么想到这个办法的?"

精神障碍者一边跳一边指着自己的鼻子说道:"他们都说我是疯子,可我知道我不是呆子。"

蚂蚁和鸟

因为口渴,蚂蚁爬到一条小河边喝水,不想一不小心被溅起的浪花卷进了河里。它拼尽全身的力气挣扎,却无奈身小力薄,一会儿就被冲到下游去了。正在危险之际,一只到河边觅食的鸟儿看到了这一幕,于是便衔了根树枝把它救了上来。

小蚂蚁千恩万谢,鸟儿却淡淡一笑,继续觅它的食去了。正在这时,蚂蚁听到了轻轻的脚步声,回头一看,险些惊叫出来:是一个猎人正在拿枪瞄准刚刚救过自己的鸟儿!

"不行,我一定要救自己的恩人!"想到这里,小蚂蚁迅速爬上猎人的脚,钻进他的裤管,然后冲他的小腿狠狠咬去。猎人恰在此时扣动了扳机,可是因为腿上一痒,他稍稍分了点神,所

枕边寄语

小人物亦有小人物的能力。心怀善念常助他人,关键时刻,小人物照样能帮你的大忙。

以子弹一下子打偏了。

前面的鸟儿闻枪声大惊，赶紧振翅飞远了。它不知道，救它的正是那只自己刚刚救过的蚂蚁。

虽然蚂蚁比鸟儿弱小许多，可是报恩之心却使它帮助鸟儿成功躲过一次杀身之祸。

一只蟑螂的力量

搬家时，小王在衣箱里发现了一只小蟑螂，由于忙得焦头烂额，小王便没理它。"不就一只小小的蟑螂嘛，有什么关系呢？"他这样想。

但是搬到新家后不久，小王就发现了一个非常可怕的现象：地板上、床上、衣柜里、厨房里、卫生间里，凡是可以看得到的地方，到处都布满了蟑螂，整个新家都成了蟑螂的天下。想起蟑螂哪脏就往哪儿去，是传播细菌的罪魁祸首之一，小王吓坏了，他用脚踩，用水冲，用药熏，可是怎么着都灭绝不了它们，反而越来越多。

原来，蟑螂的生存能力十分惊人，几乎所有的现代化的科学武器都拿它没辙。它们不但能够很快适应新环境，还能越战越强。另外，它的繁殖能力更是可怕，只要有一点点藏身的地方，它们便可以安顿下来"结婚生子"，而且人类越是用脚踩它，它肚子里的小蟑螂便会越快地出生。

一场大病之后，小王终于无可奈何了，他不得不丢掉所有的衣服、被褥、家具等等，这一下子，新家又回到他搬来之前的模样——空空如也！

枕边寄语

　　"柜子里的蟑螂不会只有一只"——当一种危害可能存在时，它往往一定存在并会造成越来越大的损失。人的懒念头、懒毛病即是如此。如果开始时你不重视它、不克服它，它就会越来越强大，并不断制造坏影响，直至耗空你的人生。

阿甘的答案

　　阿甘的灵魂正欲进入天堂时，圣徒彼得拦住了他："亲爱的阿甘，我知道您是个好人。可现在天堂里已人满为患，上帝说只有能正确回答出他出的 3 个问题的人，才可以进入天堂。请你听好了，这 3 个问题是：一，一个星期中有哪几天是以字母'T'开头的？二，一年有多少秒(second)？三，上帝的名字是什么？"

　　只见阿甘张口便答道："第一个问题的答案是，两天。"

　　"怎么可能是两天呢？"彼得迷惑不解。

　　"今天（Today）和明天(Tomorrow)啊。"阿甘说。

"哦？"彼得摸摸脑袋，"这虽然不是正确答案，可是似乎也不错，就算你正确吧。"

"第二个问题的答案是 12。"阿甘又说道。

"怎么可能是 12 呢？一年绝对不可能只有 12 秒（Second）啊！"彼得笑道。

"难道不是吗？你看，1 月 2 日（January Second）、2 月 2 日（February Second）、3 月 2 日（March Second）……以此类推，这不就是 12 秒（Second）吗？"阿甘回答。

彼得目瞪口呆："哦，这答案似乎也正确。"

"第三个问题的答案是：上帝叫安迪。你看，我们经常在教堂里唱'安迪与我散步，与我谈话'，如果安迪不是上帝，我们怎么会在教堂里集体赞美他呢？"

枕边寄语

　许多事情都没有统一的、标准的答案，如果你被"非对即错"的固定模式陷住，你必将无法正确认识这个多元化的世界。

彼得再一次愣住："这样看来似乎也对。"

就这样，阿甘顺利地进入了天堂。

看来，即便同一个问题，也总会有另一种答案存在。你与大家的回答不同，并不代表你错了。

得与失

一个人辛辛苦苦做了一辈子生意，终于在白发苍苍时积累起了万贯家财，成了当地小有名气的富翁。唯一可惜的就是，当他准备安享美好生活时，他的老伴却离他而去了，所以无儿无女的他只能和一只心爱的猎狗相依为命，每天唯一的乐趣就是逗狗。

但是突然有一天，他早晨醒来时发现家里被洗劫了，所有的金银珠宝都被盗贼偷走了，连那只唯一能给他带来慰藉的猎狗也被绑着嘴杀死在了门外。想想自己一夜之间就由富翁变成了穷光蛋，老人顿时老泪纵横，瘫坐在地。呆呆地坐了半天之后，老人

枕边寄语

　　人生本来就是由一连串的失与得组成的，当你为所失去的痛苦时，其实你已经得到了更加宝贵的东西，关键就看你如何去领悟。

想到了自杀，反正到此为止，这世间再没有值得自己留恋的东西了。于是，他最后一次扫视了一眼周围的一切，便走出门去买绳子。

可是当走上大街时，他才发现整个村庄都沉浸在一片可怕的寂静当中。怎么回事？老人不由地急步向前：天哪，太可怕了！尸体，到处都是尸体，狼藉遍地！原来，整个村庄都在昨夜遭到了马匪的洗劫，所有的活口都被杀掉了。而自己呢——也许是柜子里那些金银财宝过分吸引了匪徒的眼球——竟然奇迹般地存活了下来。

想到这里，老人不由得心念急转："我多么幸运啊，我竟然是这里唯一幸存的人！都说金钱买不来生命，而我居然能因此得以保全，上帝对我真是太偏爱了。"他欣慰地自言自语着，"所以，我没有理由不珍惜自己。虽然我失去了一切，但得到了最宝贵的生命，我还有什么不知足呢？"想到这里，老人立刻转身回家去了。

男子汉气概

儿子已经快 16 岁了，可他还是像几岁时那样木讷内向，一点也不像父亲所希望的那样生龙活虎。怎么把儿子培养成真正的男子汉呢？这个问题真是让父亲费尽了脑子。一天，他想到了一个好主意：把儿子送到一位拳击手那里，让他来塑造儿子的男子汉气概。要知道在他看来，拳击手可是天底下最配得上"男子汉"这个称呼的人。

当他把儿子带到拳击手面前时，拳击手对他说道："这并非不可能，但是你必须首先答应我一个条件：把儿子留在这里，半年之内不许见他。半年之后，我还你一个真正的男子汉。"

父亲高兴地答应了。

半年之后，父亲怀着殷殷之心来到了拳师这里。可是当看见男孩时，这位父亲心里很是疑惑：儿子看上去还是那么柔弱腼腆，似乎并无改变。

拳击手看到父亲的反应，坦然地一笑，对他说："我安排了一场拳击比赛来证明我这半年的训练成果，请你看好了。"

说着，拳击手便与男孩对打起来。结果，每次拳击手一出手，男孩都会应声倒地。只不过，他总是刚刚倒下便又立即站起来。

这样反反复复几十次之后，拳击手停下问父亲道："怎么样？你还满意吗？"

父亲满脸羞愧之色，看样子他都想立刻从房间里逃出去了："我简直无地自容，我怎么会生出这样一个儿子来呢！被您这样的大师训练了半年，没想到他还是这么不经打，一下便倒。唉，看来他这辈子没希望成为真正的男子汉了。"

"不！"拳击手很坚决地否定道，"他现在已经是一个真正的男子汉了！我很遗憾你只看到了他的倒下，而没有看到他的重新站起。要知道这种勇气和毅力，正是真正的男子汉气概。你看，我打了他几十拳，却依然没有能够把他打倒，所以，他赢了，我输了！"

看来，只要站起来的次数比倒下去的次数多一次，那就是成功。

枕边寄语

胜负都是表面现象，摔倒了能否重新站起来才是关键所在。如果每一次摔倒后你都能再站起来，那么最后的胜利者一定会是你。

小孩和木桶

为了挣口饭吃，小孩来到一家葡萄酒厂看守装酒的橡木桶。他的任务是每天晚上等工人下班后，把闲置下来的木桶擦净，然后分排整齐地放在空地上。这本不是个累人的活儿，可是令男孩烦恼的是：大部分夜晚，他原本排得好好的木桶都会被风吹得东倒西歪。

看着自己的劳动成果就这样轻而易举地被毁，想想老板横眉怒目的可怕样子，小男孩经常以泪洗面。怎么办呢？怎么样才能让木桶既按要求排放又不致被吹乱呢？

小男孩坐在已经擦好排好的木桶旁想啊想啊，终于想出了一个好主意。他从旁边井里提来了一

桶一桶的清水，分别倒入各个空空的橡木桶里，然后，他就忐忑不安地回去睡觉了。

第二天清晨，天刚朦朦亮小男孩就爬了起来，他匆匆跑到放桶的空地上一看，那些橡木桶还像昨晚一样整整齐齐，没有一个被风吹倒或吹歪的。

"看来，木桶之所以会被风吹倒，是因为太轻了。加重一点分量，它们就不会再被风吹倒了。"小男孩高兴地自言自语道。

是啊，加重了自身的分量，就不会再被风吹倒了。

枕边寄语

任何人都注定要经受社会风浪的考验，要想不被打翻或吹歪，我们必须加重自身的重量，因为我们改变不了社会。记住：自我加重，这是一个人不被颠覆的唯一方法。

别人的路

这是一片烂泥成堆的沼泽地，似乎从来没有谁从其中穿行过。

一天，有个人来到了沼泽旁，因为没有其他的路，他只能试探着从沼泽地里穿过去。他伸手从地上捡起一根已经干枯的荆条做"导盲棍"，然后便小心翼翼地上路了。

这沼泽地虽然看起来艰险，可是靠着手中的荆条探路，他左跳右跨，竟然也找出一段路来。可惜还不到 10 分钟，他便一不小心踏进了烂泥里，挣扎了几番，便沉了下去。

几天后，又有一个人想穿过沼泽地。正当他为从哪里走更安全些头疼时，前人的脚印提醒了他，他自言自语道："这里既然有人走过，就证明是安全的，沿着他的脚印前行，一定不会错。"

于是他用脚试探了一下。果然，脚下的路实实在在，于是他放心大胆地走了下去。自然，他跟那个"前人"一样，最后也一脚踏入了烂泥坑里，一命呜呼了。

又过了三五天，又一个人打算从沼泽地穿过。当他看到沼泽地里几乎重合的两个人的脚印时，真是喜不自禁：原以为这沼泽地里无路可寻，不想前人早已经给我们预备好了，而且看样子还不止一个人走过呢。于是他也想当然地踏着那些脚印向前走去，最后他的命运我们不用想也知道。

3 个月之后，沼泽地又迎来了它的一位新客人。这个人看起来和众多前人有些不同，只见他先观察了一番前人的脚印，然后实地走了几分钟，最后，他又转身回来了。和最初的那个人一样，他也从旁边抽了一根干荆条做向导，然后一步步地开始了探路。真没想到，幸运的他竟然成功穿越了沼泽地。

枕边寄语

路是人走出来的，但未必走的人越多就越正确。大胆开辟一条新路，纵然可能会有危险，但总比一定有危险来得好。

蚌、鹬鸟和猎人

晴朗的夏日傍晚，蚌正张着两扇壳在河滩上晒太阳，一只长嘴鹬鸟走了过来。蚌一看有敌人到来，赶紧合起了双壳。

"你不用怕，我是来跟你商量一件事的。"长嘴鹬鸟很温柔地对蚌说道。

"什么事？"蚌微微开了个小缝，从里面瞅着长嘴鹬鸟说。

"你看到那个扛着枪的猎人了吗？他就是那天打死我丈夫的家伙！"鹬鸟指着正从远方走来的猎人说，"今天我要报复他！"

"啊？你要报复他？"蚌大吃一惊道，"你这么单薄，怎么能对付得了他呢？你唯一可以指望的就是你又尖又长的嘴。可是他手里有枪，你根本就靠近不了他啊！"

"所以，我想请你帮我个忙。"长嘴鹬鸟再次很温柔地对蚌说。

"你说吧，只要我能做得到。"蚌小心翼翼地答道。

"你肯定能做得到，你只需要如此如此……"长嘴鹬鸟凑在蚌耳边交代了一番。

"可是，我帮了你，你给我什么好处呢？"蚌反问道。

"我可以答应你永远不再吃你们蚌类。"长嘴鹬鸟发誓道。

"好吧，一言为定！"蚌愉快地答应了。

等猎人离它们不到 10 米时，长嘴鹬鸟突然大叫了一声，随着这声长叫，蚌用两扇壳夹住了鹬鸟的长嘴。鹬鸟装成疼痛的样

子来回甩了几下，蚌却依然死死地扣住它的嘴。

"啊哈，我运气可真是太好了，竟然不费吹灰之力就一下子捉俩！"猎人一边向这边跑，一边欢天喜地地喊着。

谁知等他就快抓住鹬鸟时，鹬鸟却敏捷地飞了起来。猎人见状，立刻拔腿追去。

鹬鸟先是慢慢地、低低地飞，以便引着猎人不断向前跑。然后，它渐渐地越飞越高了，而速度仍然是慢慢的。猎人一看还有希望，依然不舍不弃地向前追去。不料自己两眼光顾着看鹬鸟了，完全忘了脚下的路。等到追至悬崖边时，他来不及收脚，一下子就跌下去了。

"哇，这可真是太棒了！"蚌落到地上，松开鹬鸟的嘴说道。

"这就是贪图外财的后果！"鹬鸟轻蔑地笑了一下说，然后冷不防低头，把正在"张臂"欢呼的蚌的柔软身体啄进了嘴里。

可怜的蚌，虽然帮别人实现了计划，却连哼都没来得及哼一声就失去了生命。

枕边寄语

　　天下没有免费的午餐，贪图不劳而获，终究要付出比所得大许多的代价。另外，企图以小恩小惠换得与强势敌人的相安无事，只会是白日做梦。

第二章

愿你的青春不负梦想

坚持，你能吗？

苏格拉底是古希腊著名的大哲学家和大教育家，他教学生的方法总是别出心裁。

开学第一天，他对学生们说："今天，我们只学一样东西，就是把胳膊尽量往前抬，然后再尽量往后甩。"他示范了一下，结果，所有学生都笑了。

"老师，这还用学吗？"一个学生打趣道。

"当然，"苏拉格底很严肃地回答道，"你不要觉得这是件很简单的事，其实它很困难的。"听到这话，学生们笑得更厉害了。

苏格拉底一点也不生气，他宣布说："这堂课我就教大家好好学这个动作。学会以后，从今天开始，每天你们都要把它做100遍。"

枕边寄语

坚持是世界上最简单同时也是最困难的事情，因为人人都可以做到，却未必人人都能做得到。只有那种即便是一件简单事都能坚持做到底的人，才可能有所成就。

10 天之后，苏格拉底问："谁还在坚持做那个甩手动作？"大约 80% 的学生举起了手。

20 天之后，苏格拉底又问："谁还在坚持做那个甩手动作？"大约 50% 的学生举起了手。

3 个月之后，苏格拉底又问道："那个最简单的甩手动作，有谁在坚持做？"这一次，只有一位学生举起了手。他，就是后来成为古希腊另一位大哲学家、大思想家的柏拉图。

从音乐盲到小提琴师

自从偶然听到那位小提琴大师的独奏，这位青年便疯狂迷恋上了小提琴，他希望有一天自己也能够拉出那么动听迷人的曲子。

于是他倾其所有，买了一把非常名贵的小提琴，每天都起大早到公园里练琴。早练的人们听了他的琴声，都哈哈大笑，讥讽他是个音乐盲，拉出的声音就像青蛙叫。在人们不断的嘲笑声里，青年越来越灰心，几乎就要放弃自己的梦想了。

有一天，他刚练完琴，就听身后有位老太太对他说："孩子，你的小提琴拉得可真好，我非常喜欢，你能每天都拉给我听吗？"这一下子，青年信心大增：原来，还有人这么喜欢我的琴声啊！从此之后，青年天天满怀信心地给那位老人拉琴听；但老太太从来都只是微笑着听，一句话都不跟他交流。

　　不知不觉中，几年过去了，青年的琴艺大长，最后竟在全国比赛中获得了一等奖。青年激动极了，他在公园里跑来跑去，到处寻找着老人，想告诉她这个好消息。忽听有人对他说："你在找那个聋老太太吧？她昨天犯心脏病去世了。"

　　聋老太太？！青年一下子呆在了原地。

枕边寄语

　　并不是因为事情难做，我们才失去自信；而是因为我们失去了自信，事情才变得难做——自信是成功的第一秘诀，只有首先相信自己能行，才可能取得最后的成功。

竞争足球队员

某中学 3 年一次的足球队员竞争赛开始了，场上的这几十名选手，最终跑到前 11 位的才能赢得这个资格。

3 圈之后，有一个小男孩突然摔倒在地上，看样子是他的腿抽筋了。但是他揉了 10 来秒自己的腿之后，又爬起来去追前面的选手了。

5 圈之后，刚摔倒的那个孩子又不行了，只见他捂着胃"哗哗"呕吐起来。但是出人意料的是，吐完之后，他竟然一抹嘴又接着跑了。

10 圈之后，这个虽然不太快但一直坚持的孩子已经进入了前 20 名。意外在这时又一次发生了，他扶着操场边的一棵大树大喘起来，似乎快晕倒了。可是只几秒钟，他便又回到了跑道上。

最后，这位小男孩终于以第 10 名的成绩如愿以偿。

这么差的身体素质，何以到最后竞争成功了呢？要知道那些

枕边寄语

投入做事是成功的前提，切断后路又是投入的前提。倘若事先存下"这次不行，下次再来"的心思，人就不可能全力以赴，失败的可能也便会随之增大。

败下阵去的选手，几乎都比他的身体好得多。面对众人的疑惑，小男孩说："因为我只有这一次机会，我的家族有一种遗传的腿病，到了十六七岁便会发作。如果这次我失败的话，我就没有下一次机会了。"

哦，原来那些身体不错的人之所以失败，是因为他们知道还可以有下一次。

谁是最优秀的人

大哲学家已是风烛残年，知道自己时日不多了，他便喊来自己平常看好的一位弟子，对他说："我的蜡烛所剩不多了，得找另一根蜡烛接着点下去，你明白我的意思吗？"

弟子点点头，立刻说："我明白，老师，您的光辉思想应该很好地继承下去……"

"可是，"哲学家若有所思地说，"我需要的这位继承者不

枕边寄语

每个人都是一座富有的矿山，自信是开凿这座矿山的斧头。只有拥有十分的信心，我们才能迈出挖掘自己潜能的步子，由平凡到辉煌，最终超越生命的底线。

但要有相当的智慧，还必须有充分的信心和非凡的勇气……这样的人到目前为止我还未曾见过，你能帮我寻找和发掘一位吗？"

"当然可以。"弟子很温顺又很恭敬地答道，"我一定会竭尽全力，不辜负老师的栽培和信任。"

听到弟子这么回答，哲学家淡淡一笑，挥手让弟子出去了。

接下来，那位忠诚又认真的弟子便开始不辞辛劳地四处寻找了。可是不知为何，无论他领来谁，哲学家都会婉言谢绝。终于有一天，无计可施的他开口道："老师，我实在找不到合适的人了。请您准许我出趟远门吧，我将到五湖四海为老师寻找这位最优秀的人才。"

"其实……"刚说到这里，已经病入膏肓的哲学家便剧烈地咳嗽起来，慌得弟子赶紧上前扶住他，稍稍平静之后，

他又接着说了下去，"你找来的那些人，都还不如你……"

听闻此言，弟子立刻羞愧地低下了头："老师，我真对不起您，让您失望了。"

看弟子还不开窍，哲学家大失所望地摇了摇头："孩子，你为什么还不明白？失望的是我，被耽误的却是你自己啊！我告诉你，每个人都是最优秀的，差别就在于是否自信，只有信心十足的人，才可能懂得认识自己、发掘自己和重视自己……所以，最优秀的人不是别人，而是你自己。可你为什么总是不自信呢？"话刚说到这里，一代哲人便在遗憾中溘然长逝了。

"最优秀的人是我自己？"弟子长跪在老师床前，惊愕之后开始泪流满面。

从那以后，这位有才华却一直自卑的弟子一改从前，变得积极自信起来。多年之后，他不但继承了老师的遗志，还发展了老师的思想。而这，可是他原来从未想过也不敢想的。

心境的魔力

维克多·弗兰克是奥地利历史上著名的精神病学博士。身为治疗精神病的医生，弗兰克对精神的力量有独到的理解，这既源于他的知识，也源于他的经历。

第二次世界大战期间，和许多不幸的人一样，弗兰克也被关入了纳粹集中营，饱受了纳粹分子的凌辱。在那段生不如死的日子里，他几乎每天都要看着那些野兽般的人物不眨眼地屠杀妇女、儿童。空气里到处充斥着血腥之气，每个人都活得心惊胆战，不知道下一个倒下去的会不会是自己。对死亡的恐惧显然给所有人都带来了巨大的精神压力，因此集中营里每天都会有疯了的人。

丰富的知识和经验告诉弗兰克，如果控制不好，自己也将难逃精神失常的厄运。所以即便不停地产生死亡的幻觉，弗兰克依然强迫自己笑起来，强迫自己幻想正在宽敞明亮的研究室里照顾着病人，或者正走在前往演讲的路上，精神饱满、斗志昂扬。

在那个没有人性的魔窟中，弗兰克一直用这种方法保持着精神上的清醒。

多年后，当他被释放时，他的朋友几乎不敢相信这个精神状态极佳的人是刚刚从集中营里走出来的。

这，便是心境的魔力。

枕边寄语

精神是最有力的胜利武器。从某种意义上说，人不是活在物质里，而是活在自己的精神里的。只要精神不垮，人便能击败许多厄运；一旦精神垮掉，谁都将无法拯救你。

黄蜂飞舞的秘密

"看来，这个说法是完全没有问题的：凡是会飞的动物，它的形体构造必然是身躯轻巧而双翼修长的，比如麻雀、燕子、蜻蜓……"几位动物学家正在探讨动物飞翔的原理，作为主任，张教授最后总结发言道。可是不等他说完，一只大黄蜂就冲着研究室窗台上的花盆飞过来了，弄得数位专家顿时面面相觑、尴尬无比。是啊，为何大黄蜂如此短小、薄弱的翅膀能够带动起它相对来说极为肥胖、粗笨的躯体呢？

带着这个疑问，几位动物学家带着大黄蜂来到了某著名物理学家的实验室。物理学家仔细观察了半天，又埋头计算了半天，结果还是困惑地摇了摇头：这真是不可思议，它简直就是所有能飞的物种里的一个另类。因为根据流体力学的原理，它应该是根本飞不起来的。如果今天不是亲眼所见，我真不敢相信这是事实。

无奈之下，几位专家又把大黄蜂摆在了一位社会学家的办公桌上。没想到不等他们说完，社会学家便哈哈大笑起来："这么简单的问题还用得着问吗？""简单？！"几位动物学家异口同声，个个大跌眼镜。"当然简单，因为答案只有一句话：今生，它必须飞起来，否则，它只有死路一条！"社会学家大声说道。

没错，当只有死路一条时，不仅仅大黄蜂，我们人类更是能突破所谓的极限，创造出在此之前想都不敢想的奇迹来。社会学家不曾深入地研究过动物，也不懂什么流体力学，但是他却破解了大黄蜂飞舞的秘密。所有充满活力的生物都是在进化史中突破了自身局限的胜者。

枕边寄语

　　阻碍我们前进的，往往不是未知而是已知。其实，生命永远蕴含着无限希望和可能性，当陷入绝境时，我们需要做的，只是向旧日的自己突围。

驴子的智慧

　　农夫牵着驴子去赶集，一不小心，驴子掉进了村口的井里。农夫急坏了，他绞尽脑汁想办法，还是没办法把驴子救上来。

　　半天过去了，井底的驴子绝望地哀嚎着，它似乎也意识到了自己的处境：虽然井水不太深，不至于把自己淹死，但是时间长了，一定会被活活饿死。

　　想想驴子多年来与自己相依为命的感情，农夫心如刀绞，他实在不愿意看着心爱的驴子遭受这种折磨，便狠狠心，拿来一把铁锹打算早点结束这种局面。于是他开始一铲铲地往井里填土，井底的驴子好像意识到了什么，更加凄惨地叫了起来，叫得农夫

心里好生难受，不得不加快了填土的速度。

　　但是不一会儿，驴子竟然不叫了。"这么快就死了？不可能吧！"农夫很奇怪地往井底看去，结果，下面的情景让他大吃

　　◗枕边寄语

　　人生总有偶尔陷入"死角"的时候，能否走出来，就看你如何对待这不断下落的重负。如果你将之当成负担，它早晚会置你于死地；如果你勇敢地抖落，它就能成为你崛起的垫脚石。

一惊：只见驴子正拼命地抖着落在身上的土，把它们填在脚下，然后再站上去，借此一点一点地靠近井口。农夫大喜过望，更加卖力地往井里填起土来。不到一小时，驴子便"得意洋洋"地叫着上升到了井口。

初中时的作文

罗伯兹的牧马场开业了，他正在场中的豪宅里宴请宾客。席间，他给大家讲了一个故事：

"我之所以要开牧马场，跟一个初中小男孩的作文有关。小男孩的父亲是个马术师，经常带着他四处跑，因此在他小时候的记忆里充满着马。

"初二那年，老师让他们写一篇题为《我的梦想》的作文。小男孩洋洋洒洒地写了七八页，将他的宏伟理想描述得甚为详细。文中说，他最大的梦想就是拥有一座属于自己的牧马场，甚至把自己设计的牧马场图也画了上去。图中很详细地标注着每一个马厩与跑道的位置，还有一座看起来相当大的豪宅在其中。

"但是当男孩满心欢喜地把作文交给老师时，老师却把他狠狠地批了一顿，说他好高骛远，净做白日梦，并命他重新写一篇，否则不给他及格。但男孩却拒绝了，他固执地守着他的白日梦。

"现在我要告诉大家的是：你们正坐在文中所描绘的那片牧马场的豪宅里欢声笑语，我就是那个小男孩。"

最后一句话一出，全场立刻响起了热烈的掌声。

"你现在最想说的是什么？"有人不失时机地问。

"幸亏我不是个好学生，没有听老师的话。"罗伯兹微笑着说。

枕边寄语

因为别人的否定而放弃梦想，这是愚者的行为。坚守住自己的热望，适时关闭耳朵走路，你才可能奋斗到梦想实现的那一天。

谁能帮你东山再起

他原本是位大农业主，可是一场突如其来的灾难却让他失去了一切——土地、存粮、钱财，甚至妻子儿女。他成了一个彻底的、一文不名的流浪汉。

正当他越来越难过、越来越绝望，像个行尸走肉一样不能再思考，成天只想着怎么早点结束自己的生命时，他偶然听人说起附近有位哲学家，于是他忙不迭地去找那位哲学家。

不料哲学家听完他的哭诉后，竟然满脸冷漠地说道："别指望我给你提供任何帮助，因为我根本没有任何能力帮助你。"

流浪汉一听，眼睛里的希望之火立刻熄灭了，死亡的念头再次涌上心头。可是正当他转身欲走时，哲学家却叫住了他："不过，我可以给你介绍一个人，他一定能帮你，而且是这个世界上唯一能帮你的人。"

"谁？"他猛地转过身来，再次点燃了希望之火。

"跟我来，"哲学家说着，便把流浪汉带到了自己家的镜子前面，指着镜子里的人说："他。"

"我？"流浪汉看着镜子里狼狈不堪的自己，既惊讶又羞愧地反问了一句。

"是的，这个人正是你自己。"哲学家肯定地说道，"整个世界上，唯一能帮你东山再起的，就是镜子里的这个人。不过在此之前，他要首先坐下来，仔仔细细地认清自己。否则，他将只是一具空壳。现在，我请你再靠近镜子一些，好好想想这个人原来的样子，我想，这一点你最清楚不过了。"

流浪汉慢慢地走近镜子，用手梳理着自己乱蓬蓬的头发，开始想象自己原来意气风发的样子。渐渐地，镜子里那张脏兮兮的脸微笑起来了。

"我知道了，谢谢你！"流浪汉突然说了一句话，然后转身跑了。

几年之后，当流浪汉再次来找哲学家时，哲学家根本认不出他来了。因为他现在衣装整齐、自信心很强，全无当年落魄的样子。

他拿出一张支票："这是一张空白支票，数额是应该由你来填的，我实在不知道你当时给我的东西值多少钱，因为它买到了我想要的一切——我现在已经是一家大公司的总经理了，并且已经找到妻子儿女，安了新家，最重要的是，我找到了我自己。"

枕边寄语

自信心不仅是一个人成功做事的前提，更是一个人活下去的支撑力量。没有了它，人就相当于给自己判了死刑，在进行一种慢性自杀。

老人与黑人小孩

晴朗的阳春三月天，一位卖气球的老人推着货车走进了公园。五颜六色的气球立刻吸引了公园里的孩子们，他们一窝蜂似的跑了上去。

不一会儿，公园里到处是拿着气球的小孩了。

一个黑人孩子静悄悄地站在公园一角看着那些白人小孩，脸上写满了羡慕之色。

终于，他鼓起勇气走到了老人的货车旁，怯生生地问道："爷

爷，你可以卖给我一个气球吗？"

老人微笑着蹲下身去，摩挲着黑人孩子的小脸，很和蔼地说："当然，为什么不能呢？你想要什么颜色的？"

黑人孩子一听，立刻欢欣雀跃起来："我想要一个黑色的，可以吗？"

"当然。"老人一边说，一边从架子上拿下了一个黑色的气球，递给孩子。

黑人孩子高兴地拿着气球跳啊跳啊，不一会儿，他小手一松，气球在微风中冉冉升起了。

孩子顿时惊讶地大叫起来："爷爷，您快看啊，黑色气球也能飞起来。"

老人看看上升的气球，用手轻轻地拍了拍孩子的脑袋："当然了，孩子，气球能不能飞起来，不在于它的颜色，而在于它里面充满了氢气。"说到这里，老人加重语气说了一句，"记住，人也一样！"

黑人小孩眼睛忽闪着，似乎有所领悟。

枕边寄语

　　成就高低与出身、相貌等都无关，这个世界是被自信和努力创造出来的。有了自信，人就会有登上成功山顶的力量；有了努力，人就会身处通向成功山顶的途中。

家传宝箭

春秋时期，一位将军带他的儿子出征打仗。为了把还是马前卒的儿子培养成大将之才，父亲决定给他个锻炼的机会。

于是，在又一阵号角吹响、战鼓雷鸣时，父亲唤过儿子，郑重其事地交给他一个箭囊，然后指着囊中露出一截的箭说："这是你做卫国大将军的祖父传下来的，可谓是家传宝箭。把它佩带在身边，你就会力量无穷、百战百胜，但是切记一点，千万不可以把它抽出来，以免影响它的神力。"

儿子接过箭囊一看，整个囊都由厚厚的牛皮打制而成，还镶着幽幽泛光的铜边儿，再看那露出一截的箭尾，分明是用人人惊羡的上等孔雀羽制作的。儿子喜出望外，连忙把箭囊佩带在腰间，顿时，他感觉一阵威气袭来，整个人都为之一震。他仿佛看到了祖父当年征战沙场、所向披靡的场面，耳旁"嗖嗖"的箭声一阵紧似一阵，敌方的主帅应声落马而毙……

果然，佩带着家传宝箭的儿子英勇非凡、所向无敌，把敌人打得落花流水。当听到鸣金收兵的号角吹响时，意气风发的儿子禁不住得胜的豪气，托起那个箭囊细细地抚摸着。忽然，他的好奇心来了，非常想看看到底是什么样的奇异宝箭能够让人如此虎虎生威。于是，他慢慢地抽出了宝箭。但是骤然间，他惊呆了：一支断箭！箭囊里装着的竟然是一支折断的箭，而且分明就是最普通、最常见的那种箭！

"天哪，原来我一直挎着一支断箭打仗！"儿子傻了似的喃喃自语着。他想起了刚才与敌方主帅誓死拼杀的场面，立刻犹如失去支柱的房子一般，轰然坍塌了。

将军父亲站在城楼上看得清楚，不由地深深叹息道："孺子不可教也！不相信自己的意志，永远也做不成将军！"

枕边寄语

意志和信念是一个人有所成就的前提，但这前提是：它们必须从自己内心而起，倘若寄托在他人或他物上，非但愚蠢而且极其脆弱。

风雪里的一课

接连下了三天的大雪，天气总算放晴了。可是"下雪不冷化雪冷"，前三天都如冰窖般的教室现在更像冷库般令人难以忍受了，几十个十几岁的穷孩子齐刷刷地傻站着——这样似乎比坐着要暖和一些，而且大家也更容易挤得紧一些。

满屋的跺脚声随着杨老师的进入停止了，这位老师向来以严肃冷酷著称，同学们可不敢招惹他。但是即使大家都小心翼翼的，杨老师还是从学生的脸上看出了两个字：我冷。

"大家都站起来。"杨老师命令一般地喊道。

同学们惶惑不安地都站了起来。

"到外面排好队，我们去操场上上这一课。"杨老师又接着说道。

"咝，"同学们都倒吸了一口凉气，"什么？去操场上上课？在这样的天气里？"

但是不管怎样，最后，杨老师镜片后面的严厉的眼睛依然将大家一个接一个地逼出了教室。

操场上，大雪早已将一切都连成了一个整体，偶尔有些空隙，雪化之后露出了下面白白的地皮。穷孩子们厚实的土布棉袄这时似乎失去了它的作用，弄得他们个个像冻结的冰凌一般。

看看大家已经排好队，杨老师面对学生们站定，然后脱下了身上那件黑色棉衣。同学们还未来得及惊呼，他又开始脱里面的毛衣。最后，瘦削的他只穿着一件单薄衬衫给同学们讲起了"课"：

"如果不出来，大家肯定以为自己是敌不过风雪寒冷的，可是事实上，现在大家站在这里，没有任何人会倒下去，包括我，对不对？所以同学们，从苦日子里长大，没有什么苦是我们受不了的，只要你敢伸出手去迎接，敢抬起头去面对！我希望你们能够永远记住这句话，以后的人生中也一样，在苦难面前只要你敢于正视，你就会发现，其实一切，都不——过——如——此！"杨老师最后拉长了语调说道。

的确，那一天直到最后，也没有谁支撑不下去。

枕边寄语

生命中有许多伤痛并非我们想象的那么严重，而人之所以觉得不能承受，是因为过分畏惧或者正在用放大镜观察它。甩掉畏难情绪，奋力一搏，你就会发现：其实一切，都不过如此。

第三章

年轻时吃过的苦，
都会成为你未来的路

帕格尼尼的一生

　　凡是对音乐稍有了解的人，就不会不知道天才小提琴家帕格尼尼的名字。这四个字常常与"伟大""超级""顶尖"等字眼并列在一起。

　　12岁那年，帕格尼尼便举办了首次个人音乐会，用他的琴声征服了在场的所有人。

　　一时间，他的名字响彻了整个意大利。在随后的几十年中，他不断创作出震惊世人的天籁之音，如《随想曲》《无穷动》《水妖舞》等，最有名的6部小提琴协奏曲更是让他的名字传播到了世界的各个角落。

　　但是外人看到的只是帕格尼尼的成就，无人知晓他的痛苦。4岁那年，他得了麻疹和强制性昏厥症。7岁那年，他又患上了严重肺炎……46岁时，由于牙齿化脓，牙医不得不拔掉他所有的牙齿。47岁，他得了眼疾。50岁之后，关节炎、肠道炎、喉结核等不断向他袭来，最后他几乎丧失了说话能力。58岁时，严重的肺结核终于要了他的命，而临终时，只有14岁的儿子阿奇勒陪伴着他。

这位伟大的"操琴弓的魔术师"、能够"在琴上展示火一样的灵魂"的天才，就这样在痛苦中度过了他短暂的一生。临终之前，上苍还让他饱尝了孤独的滋味。

枕边寄语

　　不幸犹如空气，是人世间最常见的一种元素，但它既可以把人刺伤，也可以为人所用，关键就在于你选择握住刀刃还是刀柄。

老鹰重生

　　一只刚练硬翅膀的小鹰兴奋地飞到了悬崖顶上，在那里，它看到了一个鹰巢。

　　鹰巢前，有只已经很老的鹰正在费力地拔着自己的指甲，弄得两只爪子血淋淋的。

　　"天哪，老鹰前辈，你这是怎么了？是受伤了吗？"小鹰急忙上前问道。

　　老鹰停了下来："没有，我在重生。"

　　"重生？"小鹰的眼睛里闪过一丝迷惑。

　　"是啊，孩子，你可能还不知道吧，在鸟类中，我们鹰可谓是长寿之王。据说，年龄最大的鹰前辈可以活到 70 岁。可是要

想活那么久，40岁时，我们必须作出一个十分艰难却又极为重要的决定。"

"什么决定？你快说。"小鹰急切地问道。

"是等死，还是更新自己。"老鹰沉沉地回答道，"40岁时，我们的爪子就已经老化了，无法再有效地抓住猎物；而我们的喙也会变得又长又弯，几乎碰到胸膛，不再像以前那么尖锐；还有翅膀，也会因为羽毛太浓太厚而变得非常沉重，再不能支撑我们自由地飞翔。这时候，我们只能在等死和更新自己中选择一样。"

"那你现在选择的，就是后者了？"小鹰略有疑惑地问道。

"是的，我选择了更新自己，虽然这个过程非常痛苦，而且要历经150天漫长的操练。"老鹰很坚定地答道。

"150 天？要那么久？！"小鹰吃惊地问道。

"是啊，我们首先要很努力地飞到山顶，在悬崖上筑巢，以便保证自己的安全。然后便要停留在巢附近，不得飞翔。接下来要做的首先是用喙击打岩石，以让它们完全脱落，而后再静静地等候长出新的喙来。第二步是用新长出的喙把老化的指甲一根一根地拔出来。第三步是等新的指甲长出来后，再把羽毛一根一根地拔掉。等到这些工作全都做完时，你就必须等待羽毛生长了——大概 5 个月之后，我们便又可以恢复原来勇猛无比的样子，继续翱翔于蓝天了。"老鹰说道。

枕边寄语

人活一世，总有面对艰难选择的时刻。怀有自我更新的勇气与再生的决心，把旧的习惯与传统抛弃掉，新的机会与技能才可能发展起来。

废墟上的宣言

1912 年的一天，世界发明大王爱迪生正在工作室里为无声电影试制镍铁电池，一不小心，引发了火灾。熊熊的大火很快就无法控制了，实验室渐渐被烧成了一片瓦砾。

虽然 200 万美元的损失算不得什么，但爱迪生研究有声电影的所有资料和样板也都被烧成了灰烬，几乎一生的心血都因此付之一炬了。

爱迪生的儿子查里斯为自己的父亲在实验室里抢救那些宝贵的研究成果，担心得不得了。但是当一圈又一圈地寻找之后仍然没什么结果时，查里斯却意外地听到了父亲的呼唤。只见他站在浓烟和废墟里，声调极其平静地说道："查里斯，快把你的母亲找来，这样的大火，百年难得一见，不看一看太可惜了。"

当看到现场的狼藉之后，爱迪生的老伴难过地哭了起来。没想到这时候爱迪生依然非常平静地说道："灾难自有灾难的价值，我所有的谬误和过失都被大火烧得一干二净了。"然后他高高地举起双手宣言道："我又可以重新开始了。"

第二天，他就召集职工们宣布："我们重建！"新的实验室很快就建起来了。

而这场大火，显然激发了爱迪生更旺盛的斗志。三个月之后，他便推出了人类历史上的第一部留声机。

枕边寄语

　　如果灾难不能把人打倒，那么它就会助人成功，因此幸与不幸总会紧密相连。至于你能得到什么，就看你是否坚持站着。

挫折的意义

由于整天吊儿郎当，男孩被挡在了大学的门槛之外。后来，他参了军。从部队退伍后，他找了家印刷厂做送货员。

某天，他去给一所大学的某教研室送书，不想在乘电梯时遇到了麻烦。由于普通电梯正在暂停修理，他准备从贵宾电梯上去。但当他在电梯口等待时，一位保安走过来请他走人："这贵宾电梯是专门给教授、老师搭乘的，其他人一律不准乘坐。请你走楼梯！"

男孩一听，立即向保安解释："我不是学生，我是来送书的。"

保安瞥了一眼他那脏兮兮的工作服说："那更不行了，瞧你这身衣服，会把我们的贵宾电梯弄脏的。"

他几乎火了似的冲保安吼道："我要送一整车书去九楼，一共有六七十包，如果爬楼梯的话，我累死也送不完！"

没想到保安不但无动于衷，还略带嘲讽地回复道："那是你的事，管电梯是我的事。你既不是教授也不是老师，甚至连个大学生都不是，我就是不准你搭乘这架电梯。"

就这样，两个人你一言我一句，吵了有将近一刻钟的工夫。最后，男孩一气之下把所有的书都堆在了教学楼的大厅里，然后头也不回地走了。

后来，虽然印刷厂老板谅解了他的行为，但他却再也不肯待下去了。他选择了辞职，并立即购买了全套的高中教材和参考书，

他咬牙发誓：一定要考上大学、考上研究生，一直考到那所大学里去做老师，每天都搭乘那架电梯上上下下，看那个保安还敢不敢瞧不起他！

10年后，已经不再年轻的他终于实现了自己的梦想，但奚落那位保安的心思却再也没有了，取而代之的是一份深深的感激——如果没有他当年的无理刁难与歧视，我怎么会有今天呢？如此看来，他不正是自己一生的恩人吗？他想。

枕边寄语

　　生命中的每次挫折、伤痛与打击，都必有其深意。如果运用得当，你早晚会明白，它们是命运送给我们最好的礼物，是成就我们人生的重要因素。

趴着比坐着高

约翰真是不幸极了，他出生时比正常的婴儿小好几倍，而且两腿畸形，根本无法站立。妇产医生当时就断言，这个孩子活不过半年。

但是约翰不但活了下来，还活得快乐开朗。只不过，他站不起来，只能趴在滑板上走路。

很明显，像他这样的孩子是需要去残疾学校就读的。可是约翰的父亲偏偏不听这一套，他很固执地把约翰送入了普通的学校。

确实，对约翰这种"不同寻常"的孩子来说，外面的世界是残酷的。他不能像正常人那样被亲人照顾，也无法和正常人一样去自由活动，哪怕一件小事，他都要付出比别人多几倍的工夫来完成。

但是好在他是个坚强的孩子，他一直咬着牙坚持着，渡过了一个又一个难关。

大学毕业后，由于找工作处处碰壁，约翰便走上了文学创作之路。

这样一来，他的故事便在当地迅速流传开了，各种机构、学校纷纷请他前去演讲。

为了让听讲的人看到他，他不得不请人帮忙把他抱到讲桌上去。这时候，他总会努力直起尚能自由活动的上身幽默一下："你们看，虽然我趴着，却比坐着演讲的人还高。"而下面的听众，也总会因此而热泪盈眶。

枕边寄语

　　不管基点如何，只要精神不倒，生命高度便能永恒。记住：除了自己，没有任何人、任何苦难或者武器能够打倒一个人。只要你奋斗不息，你便能超越原本的生命高度。

冬天不要砍树

冬天来了，院子里的几棵无花果树纷纷凋零进入了休眠状态。

一个小男孩拉着父亲来到无花果树下，指着其中一棵说道："爸爸，就是它呀。"原来他在玩耍中发现这棵无花果树已经死掉了，遂告诉父亲把它砍掉。

父亲蹲下身去观察了一下，发现这棵树的树皮已经剥落，枝干也不再呈青灰色，而是完全枯黄了。他伸出手去碰了碰树上的一个细枝，只听"咔吧"一声，细枝便折断了。这时，他转头对儿子说道："也许它的确是死了，但我们最好还是等明年开春再砍它。因为，它也许正在养精蓄锐，冬天过去会继续萌芽抽枝呢。孩子你记住，冬天不要砍树。"

果然不出父亲所料，第二年春天，这棵无花果树竟然由黄转绿，重新萌发新芽了。秋天时，它也和其他几棵一样硕果累累。原来，这棵树真正死去的只是几根枝杈，春天一到，它就又能枝繁叶茂、绿荫宜人了。

这件事在小男孩的心里留下了深刻的印象。随着年龄的增长，他越来越深刻地领悟到了其中的道理。而身为教师，往日学生们的成长经历也一次又一次地证明了他的感悟。比如，那个叫李倩的小女生，上小学时是个打死也不开口的"小哑巴"，可是十年后，她居然在某个大都市里做起了律师，听说还做得不错。再如只要你坚持到底，凡事都将有转机。面对困难与挫折，只要你坚强地挺过去，你就能重新见到光明。

那个门门功课都不及格的淘气包李涛，自费上了高中以后竟然奋发图强，成了那所高中有史以来的第一位考上清华的学生，后来，他又成功考过了托福。还有……

其实最不可思议的是自己，要知道，当他用手指着那棵死去的无花果树给父亲看时，还不到十岁的他，右腋窝底下已经架了一支拐杖。但是正因为父亲懂得"冬天不要砍树"的道理，才使他一直像个正常孩子一样生活着，并最终像正常人一样成了有用之才。

今天，当他再次站在课堂上给学生们讲这个小故事时，已经年过不惑的他总爱说："只要不轻易放弃，凡事都将有转机。"

劣势与优势

不幸的小男孩在车祸中失去了左臂，成了残疾人，但是他很想学连健全人都很难学好的柔道。

四处求学之后，终于有位柔道大师接纳了他。可是在入学之后的3个月里，师傅却只肯反复地教小男孩一招。终于，小男孩忍不住问道："老师，这招我已经练了几个月了，是不是应该再学其他招数？"没想到老师立即摇了摇头："不，你只需要把这一招练好就够了。"小男孩感觉很委屈，但由于很相信师傅，他还是听话地继续练了下去。

3年后，师傅带小男孩去参加比赛，看到对手又高大又强壮，瘦弱且残疾的小男孩很是害怕。这时师傅鼓励他道："不要怕，你一定会成功，师傅对你有信心。"但是不管怎么样，小男孩还是顾虑重重。

出乎人们意料的是，最后的冠军竟然真的是这个没有左臂而且只会一招的小男孩，这个结果让小男孩自己都很惊讶。

"这是为什么，老师？"小男孩问师傅。

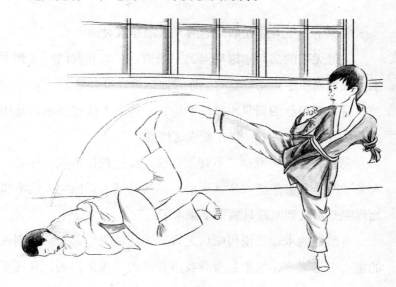

看着他迷惑不解的样子，师傅解释道："有两个原因。一，这是柔道中最难的一招，你用了几年时间去练它，几乎已经完全掌握了它的要领。二，就我所知，对付这一招唯一的办法就是抓住你的左臂。"

枕边寄语

劣势不一定在任何情况下都是劣势，尽可能扬长避短，或者创造机会变劣为优，我们便能够因为劣势脱颖而出。

有裂缝的水罐

夜深了，主人放在墙角的两只水罐开始对话。

完好无损的那只水罐嘲笑另一只道："你和我同时来到主人家，我到现在还完完整整的，你看你，都满身裂缝了。"

身上有裂缝的那只水罐反驳道："这也不能怨我啊，是小主人不小心摔了我一下，我才变成这样的。"

完整的水罐又道："不管怎么说，反正我比你强。你看，每次劳动时，我都能把水从远远的小溪边满满地运回主人的家里，而你呢？每次到家就只剩下半罐水了。"

有裂缝的水罐被说得哑口无言，委屈地哭了起来。刚刚入睡的主人听见哭声，急忙起身寻找声音来源。找来找去，发现竟然是自己挑水用的罐子。于是他俯下身去问："小水罐，你怎么哭了。"

小水罐回答说："我很惭愧，很难过。"

主人问："你为什么会感到惭愧和难过呢？"

"因为在过去的两年中，每当你用我挑水时，水就会从我的裂缝里渗出，到家时只剩下半罐了。你尽了你自己的全力，我却没能让你得到足够的回报。"水罐答道。

听到这里，主人哈哈大笑起来："小水罐，你怎么会这么想呢？你知不知道，在我的心中，你与它是一样的，甚至比它还讨我喜欢。"主人一边说，一边用手指了指旁边那个完整的水罐。

这下，小水罐惊讶地睁大了眼睛："什么？不可能吧？请问这是为什么？"

主人起身从桌上拿来一瓶鲜花，让小水罐闻了闻，然后问它道："香不香？"

"香！"小水罐愉快地回答。

"可是如果没有你，它们就不会这么香。"主人说。

"因为我？"小水罐糊涂了。

"是啊，难道你没有注意到吗？在咱们从小溪运水到家的小路两旁，长满了各色的鲜花。那些鲜花，正是由于你漏掉的水才得以生长、盛开的啊。这两年来，我一直从路边摘花来装饰我的家，这不全是你的功劳吗？"主人笑眯眯地说道。

小水罐听了这番话，心里一下子充满了喜悦。

从此之后，每逢主人挑水，小水罐都会细心地观察着路旁的鲜花青草，感觉无比的自豪——虽然我并不健全，可是我照样有用！

枕边寄语

世间万事万物都不会完美无缺，但"存在即为合理"，我们总有我们存在的理由与价值。把眼睛从自身的弱处转移开去，你就会发现，缺陷有时也是一种优势。

幸运的不幸

在一次战争中，年轻人所在的战舰被敌军击沉了，全船战士遇难，但幸运的是，他活了下来。

他攀着一截枯木随波漂流，最后漂到了一个荒无人烟的孤岛上。在当时的他看来，流落到这个孤岛上其实和遇难并没有什么两样。在求生欲望的支持下，他采拾水果，并开始狩猎，过起了野人的生活。但不管怎么说，他毕竟活了下来。后来，他还建了一间能够遮风避雨的茅草屋。

不知不觉中，他已经在这个孤岛上过了五六年。他是多么希望能早日回到家人身边啊，可数年来，一直没有从这个岛边经过的船只。一直听天由命的他越来越感觉无望了。

一天，当他在那个茅草屋里煮食物时，一不小心引燃了茅屋。由于岛上的风很大，火借风势，不一会儿，他辛辛苦苦搭成的茅

屋便付之一

炬了。想想雨季马上就

要来了，上天却把他的茅草屋夺去，难道他

真的注定该命绝于此吗？

　　正当他绝望无助的时候，一艘路过此地的轮船出现了。原来，船上的人看到孤岛上的浓烟，便明白这个岛上肯定有落难的人，所以立即到小岛上查看。就这样，他得救了。

枕边寄语

　　塞翁失马，焉知非福，幸与不幸并没有绝对的界限和区别。那些我们最难接受的苦难，时常会是上天的奇妙安排，所以，你无须为自己的任何不幸而怨天尤人，只需寻找对自己有利之处。

丑陋的大象

在造大象时，上帝走了神，一不小心把大象的鼻子捏得又长又大。

懊恼的上帝原本想再为大象捏一个鼻子，可是不知道又因为什么事耽误了。

于是，大象便带着这副"失败的形象"来到了地球上。顿时，所有遇到它的动物都惊叫着躲开了，以为自己碰到了怪物。对于这种情景，大象真是百思不得其解：自己虽然体态庞大，可是性情善良温和，而且又是食草动物，这些小伙伴们怎么会这么害怕自己呢？

某天，大象去湖边喝水，清澈的湖水一下子把它的形象清清楚楚地映了出来。

"啊？"大象看清自己的模样，也不觉吓了一大跳，它这才明白了其他动物为什么总是躲着自己。"上帝为什么给别的动物都捏上漂亮的五官，而偏偏给我一个奇丑无比的鼻子！"大象一边哭一边抱怨道。

哭过了之后，心胸开阔的大象开始冷静地思索起来：既然事情已经这样，我再怨天尤人也是无益的，不如想办法用这个大鼻子来做点事情。

于是，它首先学会了用鼻子吸水，因为它短短的嘴喝起水来

很不方便。然后，它开始练习用长鼻子卷较高处的树枝，作为自己的食物。接下来，它又试着用鼻子拔出很粗的树根。

由于总能得到很多很好的食物和水，大象的身体变得越来越强壮，最后成了陆地上最强大的动物之一。另外，由于它的和善，那些小动物们渐渐不再怕它，而是和它做起朋友来。忠厚朴实的大象很喜欢自己的这些朋友，所以总是尽可能地发挥自己的长处，把更高处也更好的食物够下来给它们吃，使双方的友谊更进一步。这样一来，长鼻子给大象带来了数不清的好处。

有一天，上帝忽然想起了大象，内疚不已的他决定把大象召回，重新给它造个最漂亮的鼻子，不想大象却摇摇头拒绝了。上帝感到不可思议，便从天上往下观察它。只看了一眼上帝便惊呼起来："天哪，大象可真是一个聪明的动物！它把自己的丑陋变成了一种力量，一种生存的法宝和强大的武器。看来我没有必要再改造它了。我需要做的，只是让其他所有动物包括人类都学会大象的精神！"

枕边寄语

丑陋也能成为你成功的原因。拥有丑陋的外表，自惭形秽是于事无补的，最明智的选择就是将之作为奋斗不息的动力。当你变得强大并展现出内在的美好时，外表的丑陋就会被忽略了。

罗伯特·巴拉尼

罗伯特·巴拉尼是一位非常有名的医学研究者，说来令人难以置信，他的巨大成就居然源于他的身体残疾。

巴拉尼出生于奥地利，年幼时患了骨结核病，由一个健康活泼的孩童变成了膝关节永久性僵硬、无法再自由屈伸的重度残疾人。因为儿子的腿病，巴拉尼的父母一直深感愧疚。为了解除父母的心病，巴拉尼从小就暗下决心：要以实际行动来宽慰父母，改变他们的看法。

上天是公平的，小巴拉尼的努力有了明显的回报，以至于所有认识他的人都不得不承认他简直就是天才：上小学、中学时，他的成绩一直非常优异；进入维也纳大学医学院以后，他更是比同班同学早很长时间获得博士学位。

大学毕业时，由于巴拉尼表现突出，母校维也纳大学把他留在了校医院的耳科诊所工作。当时著名的医生亚当·波利兹认识他之后，更是对他大加赞赏。1905年，巴拉尼完成了题为《热眼球震颤的观察》的研究论文，此论文一经发表，立刻被全奥地利的医学界关注。

1909年，亚当·波利兹医生把原本由自己主持的耳科研究所事务交给了巴拉尼，同时，维也纳大学也发出了让他担任耳科医学教学工作的邀请。对于一个重度残疾患者来说，这双重职务的压力真是太大了，可是巴拉尼不畏劳苦，极其出色地完成了这些工作，而且还发表了两本著作。

鉴于巴拉尼对世界医学的重大贡献，1914年，诺贝尔奖委员会为他颁发了诺贝尔生理学或医学奖奖金。

枕边寄语

身体的残疾并不会阻碍一个人的成功，只要他能保持住健全的心灵。须知相比于身体，后者是成功的更有力的保障。有了它，人才可能超越身体的限制，加速前进的脚步。

傻子与天才

由于智商偏低，他16岁升入高中二年级那年，成绩与同学们拉开了很大的距离。所以，尽管他很努力，校方最后还是没有同意让他再留在学校里。

那个下午，他带着深深的失望走出了学校的门。"难道我真的一无是处吗？"他一边想一边走进一个公园，坐在长椅上，任凭失落感袭上心头。

正在这时，一位白发苍苍的老者走到了他面前。看见他一副无精打采的样子，老者问他："年轻人，怎么了？遇到什么难事了吗？"

听到问话，他抬眼一看，这位老者装着一条假腿，少了一只胳膊，还瞎了一只眼睛。好可怜的人啊，比我还可怜，他心想。接着，他把自己的痛苦说给了老者。他满以为老者会安慰他几句，或者是反过来诉说自己的苦楚，不想老者却只是看了看他，一句话不说吹起了口哨。老者的口哨声真是太动听了，10分钟以后，许多鸟儿都被吸引过来，落到了附近的树上……良久，老人停了

下来说："虽然我们有很多方面比不上别人，但只要我们有一样比别人强就行了。"

听了这句话，他变得积极起来。

半年后，他找到了一份替人整建园圃、修剪花草的活儿。虽然这份工作在别人看来非常简单，但他却非常勤勉用心地做着。

某天，他路过一块满是污泥浊水和垃圾的场地，而这块肮脏场地的旁边就是已经绿化的美景。多么不协调啊！于是他决定把这里改造成一个美丽的花园。经过他的努力，不久以后，这块泥泞的污秽场地便有了绿茸茸的草坪、幽幽的小径，真的成为了一个美丽的花园。

到这里，该告诉大家他的名字了，他叫琼尼·马汶，是加拿大著名的风景园艺家。

枕边寄语

奇迹多是伴着厄运出现的，所以，什么时候都不要看低自己。要知道"天生我才必有用"，无论你怎么样，只要坚持活着，世界就会有你一席之地。

第四章

别在该努力的时候
只谈梦想

普希金与纨绔子弟

俄国著名诗人普希金很有钱，但是他一直保持着朴素的生活作风。

看到他总是穿洗得发白或早已过时的衣装，大部分不了解的人都会认为他的财富不过是徒有虚名，而他也不过是个穷困潦倒的诗人而已。

这一天，衣着简朴的普希金在一家饭馆里吃饭，一位衣饰豪华的贵族子弟认出了他，便嬉皮笑脸地上前羞辱他道：

"亲爱的普希金先生，一看您的打扮，我就知道您的腰包里必然装满大额的钞票。"

普希金轻蔑地瞥了他一眼，不紧不慢地答道："当然，我要比你阔气一些。"

听了这话，那位纨绔子弟很神气地打开钱袋，亮出他厚厚的现金：

"这不过是些零钱而已，每个月我尊贵的父亲都会汇很大一笔钱给我！"

"所以，"普希金笑了笑，接着他的话说道，"如果哪月你不小心提前花完了汇款，你就会闹饥荒，会挨饿对吗？而我不会，因为我有永久的进款……"

"什么？永久的进款？我记得你的父母不是……"纨绔子弟有点迷惑。

"我跟你不一样，我不是靠父母，我是靠那 33 个俄文字母。"普希金幽默地回答道。

枕边寄语

　　贫穷和富有是有"真假"之分的，区分的标准就在于其财富的来源。一个寄生虫绝不可能成为真正的富翁，因为会坐吃山空；而靠双手生活的人不会贫穷，因为创造能使财富源源不断。

宝石与麦子

　　一位农民偶然来到了这个原始的部落，看到部落里的人们以打渔采集为生，难以维持温饱，这位好心的农民便把自己随身带着的麦种留下了，并手把手地教会了他们如何种植。

　　部落里的人们过上了安定温饱的生活，感激之余他们送给这位农民许多珍贵的特产宝石。

　　一位商人得知了这件事以后，嫉妒不已。他想：那群原始人

真是傻瓜，给他们一些不值钱的麦种都能得到他们珍贵的宝石，那我要是把一些普通的宝石带过去，他们肯定会给我数倍价值的特等宝石了。

想到这里，他忙不迭地向农民打听了原始部落的详细位置，骑上马带着一箱宝石寻找那个地方去了。

十几天后，他到了原始部落。

部落里的人看到他带来了他们从未见过的宝石，高兴得不得了，连忙把他带到了部落首领那里。于是部落首领问他需要什么回报才能留下这些宝石。

商人满怀希望地答道：这些宝石一直是敝人极为珍贵的收藏，我希望您也能以同样珍贵的东西来换取。

首领与旁边的人商量了一下，然后十分庄重地说道："我们当然也会以极为珍贵的东西来换取，所以我决定送您一口袋麦种。"

枕边寄语

善良真诚的助人行为，与贪婪算计的谋利行为总会得到不同的回报。即便后者能够收获一时之利或获得成功，也往往经受不住时间的考验。

永远不晚

暑假到了，某大学打出了一则广告：本处招收补习基础英语的学生。也许是学不好英语的人太多了吧，这个班异常火爆。

在报名现场，一位中年人被人挤来挤去，好不容易才挤到了报名台前。

"年龄？"接待小姐问。

"43。"中年人回答。

"哦，我是问您入班孩子的年龄。"接待小姐说道。

"不是我孩子学，是我学。"中年人答道。

"哦？"接待小姐惊讶地抬起头来，"再过两年您都45岁了，还学这些基础英语干吗？"

"如果我不学，再过两年难道会是41岁吗？"中年人微笑着反问道。

接待小姐无言了。

就这样，这位先生加入了这个补习班。每天晚上和周末，他都会准时来到这里，与那群稚气未脱的孩子们一块儿读单词、背课文。不知道是学上瘾了还是怎么的，这位先生竟然一直学了下去，从初级到最高级。后来，凭着这两年补习班的基础，他竟然考上了某大学的成人班，最后拿到了这所大学英语专业的自考本科证书。

赶巧的是，他的单位当时正好在招一位翻译，因为有扎实的英语基础，又是内部人员，他以绝对的优势争取到了这个职位，从而让薪水轻松地翻了一倍。

装杯子

　　学生时代马上要结束了，同学们个个眉开眼笑。看着大家浮躁的劲儿，教授决定给学生们上最后一堂课，一堂比较特殊的课。

　　看到教授手里拿着这么多东西，同学们意识到这将是一堂与众不同的课，所以都安安静静地坐下来，等着著名教授的最后教诲。

　　教授把手里的东西一一放在讲桌上，包括一只大敞口杯、一瓶水、一袋石子、一袋沙子。然后他便开始往敞口杯里放石子，等到石子都堆出杯口时，他问大家："杯子满了吗？"

　　"满了。"大家异口同声地答道。

　　这时，教授抓起细沙，小心翼翼地往装着石子的杯子里填着，几分钟之后，那一小捧沙子都被装进了杯子。

　　“杯子满了吗？”教授又问。

　　“满了。”回答的人只剩下一半了。

　　于是，教授又拿起水往杯子里倒，渐渐地，水开始往外溢。

　　“杯子满了吗？”教授再次问道。

　　下面一片沉寂，谁都不敢再说话了。

　　“这回杯子才确实是满了。”教授说道，“看到了吗？当你们说‘满’的时候，杯子总是不满的，而当杯子真满了的时候，你们就会不再说‘满’了。”

　　同学们心有所悟，不约而同地鼓起掌来。

枕边寄语

　　真正出色的人，往往认为自己并不足够好。因为，阅历让他们知道自己总有不足之处，而不怎么出色的人自以为了不起正是因为从未有过这种阅历。

最后一周

由于效益严重下滑，公司决定裁员。在财务室的 8 个人中，王燕和谢丽同时被列入被裁名单，被告之一周后离岗。接到这个消息之后，其他 6 个人都开始小心翼翼起来，生怕惹着了她俩，要知道这种时候人的心理是非常脆弱的。

的确，王燕的情绪非常激动，想想自己辛苦了 3 年，到最后竟然是这个结果，她愈发觉得不公平，所以干脆啥都不干了，整天在办公室里拿那些桌椅板凳文件撒气。路过财务室的人都知道，里面时不时会传出"砰、砰、砰""乒、乒、乒"的声音。

而谢丽恰恰相反，也许是跟她刚来不久有关吧，她没有像"劳苦功高"的王燕那样"嚣张"，而是像往常一样忙里忙外。工作上她还是那么兢兢业业，甚至把本该由王燕做的工作都接了过来——没办法，王燕不干，上面又等着要，其他同事都有各自的活儿，就她一个新来的还没有什么具体任务。

枕边寄语

当不如意的境遇落到自己身上时，与其暴跳如雷、怨天尤人，不如平静以待，继续做自己该做的事。虽然这样不见得有用，但至少不会像前者那样让情况变得更糟。

周末到了，谢丽正打算收拾东西走人时，老总进来了。他当众宣布撤销对谢丽的裁员通知。"现在公司处于困难时期，需要的正是你这样的员工啊。"老总说。

富翁与青年

有一个富翁特别小气，甚至对自己的子女都非常吝啬。儿女们因为受不了他的刻薄，纷纷离家不再管他。

渐渐地，富翁年纪大了，身体越来越不好，一场大病之后，他终于瘫痪在床，再也动不了了。看着孩子们都装成不知道这件事的样子，富翁只好再想别的招儿，他想呀想呀，终于想到了一个不用掏钱也能得到照顾的两全其美的办法：利用镇上那个无所事事的青年。

那个年轻人其实是个二流子，自己没什么本事，还成天想着发财。富翁看准了这一点，于是对这个小伙子道：我的子女都不管我，所以我不准备把财产留给他们。你来照顾我吧，等我死了，这里所有的财产都归你。

碰上这种好事，这个年轻人差点乐坏了。自此以后，无论富翁吩咐什么，他都会照办，就像照顾亲生父亲那样照顾富翁。

几年后，富翁终于死了。小伙子迫不及待地赶到银行，银行职员却告诉他：为了建造一个富丽堂皇的墓园，富翁的财产早就花得一分不剩了，连他的房子都抵押给银行了。

年轻人一下子呆在了原地：白白浪费了几年好青春，除了大家的嘲笑和鄙视之外，自己竟一无所获。

天下没有免费的午餐，也不会有天上掉馅饼的好事。妄想不劳而获的人，只会付出沉重的代价，甚至落个"劳也不获"的下场。

鲤鱼跳龙门

一年一度的跳龙门大节又到了，众鲤鱼纷纷来到龙门处。它们都争着抢个好位置，要知道，只要跳过龙门，自己可就是万人崇拜的龙了。

可是一次又一次，众鲤鱼们还是没能够跳过那高高的龙门。于是它们开始抱怨："这叫怎么一回事，玉皇大帝告诉咱们跳过龙门就变龙，可是却把龙门设这么高，这不明摆着骗咱们嘛！""就是就是，算上今年我都跳了12年了，再等两年我会老得连跳都跳不起来了！"……

怎么办呢？众鲤鱼想啊想啊，终于想出了一个好办法：把龙门降低一些！这个妙计顿时让它们兴奋不已，于是它们开始忙碌。

为了尽快成功而降低成功的标准，却不去努力提升自身能力，这无异于掩耳盗铃，即便能骗过自己，也骗不了别人。

几个月过去了，新建的龙门果然够低，连那些小鲤鱼们都能轻松地跃过去。所以，不一会儿，所有的鲤鱼便都变成了龙。

可是没过多久，它们就发现了问题：大家都变成了龙，跟没变成龙时似乎没什么两样。而且由于龙成了处处可见的动物，人们对龙的崇拜之感一扫而空，甚至开始反感它们日夜不休地戏水。

带着疑惑，众"龙"们来找玉皇大帝商量对策，没想到玉皇大帝听后哈哈大笑："要想找到龙的真正感觉，你们就得把龙门恢复到原来的高度才行！"

曾国藩与小偷

曾国藩小时候天赋一点也不高，甚至经常被人耻笑为"愚蠢之辈"。据说，哪怕一篇很短的文章，他也要念上几十遍才能念熟。好在他是个勤奋好学的孩子，从来都不认为读书是份苦差事。

这天晚上，曾国藩又在家读起了书，一篇不到300字的小文章，他念了不下20遍还没有背下来。这时他家来了一个贼，躲在他家的屋檐下向屋里偷窥，想等这个读书人睡觉之后捞点值钱的东

西走。可是这贼等啊等啊，曾国藩就是不睡觉，约摸一个时辰之后，他还在翻来覆去地读那篇文章。终于，那贼受不了了，他霍地跳下来，冲曾国藩大怒道："像你这种笨人还读什么书！"然后将那篇文章一字不落地背诵了一遍，扬长而去！

看到这里，我们不得不感叹这贼人的聪明，曾国藩对着课本念几十遍都背不下来的文章，他仅是听几遍便能一字不落地背诵了。但是同时，我们恐怕也得感叹另一点：虽然他如此聪明，却只不过是个贼，而天性愚钝的曾国藩，却因为"天道酬勤"而成为在中国历史上极有影响的大人物。

枕边寄语

努力与收获是成正比的，伟大的成功可以通过辛勤的劳动换得。即便天生愚钝，只要不懈不怠，日积月累，奇迹早晚也会被创造出来。

好运气

寒冷的冬日里，两只饥肠辘辘的鹰在空中久久地盘旋着，它们很想找到一只兔子或者一只山鸡。但是，视野里一片白茫茫，它们什么猎物也看不到，甚至连只老鼠的影子也没有看到。

饥寒交迫与疲惫不堪之下，一只老鹰实在是忍耐不下去了，它给同伴打了声招呼便落到了山崖上，找了个背风的地方缩着脖子打起瞌睡来。

另一只老鹰淡淡地笑笑，继续在空中盘旋着，一圈又一圈。忽然，它发现枯草丛中有一个褐色的小点，在雪白的背景下甚是醒目，它立刻以迅雷不及掩耳之势向下冲去——很明显，那是一只野兔子。

当捉到兔子的老鹰落到同伴身边，大吃新鲜的战利品时，同伴咽着就快流下来的口水，充满羡慕地对它说道："我发现你的运气真好，比我好得多！"

枕边寄语

如果运气到来时你的门是关着的，它便会悄悄离开，而不是开口叫门。所以说，好运并非都是偶然的，至少你要先准备好一扇开着的门。

吃兔子的山鹰一边大嚼着，一边若有所思地回答道："是吗？也许是吧。不过我发现，运气好像比较喜欢不辞辛劳、有耐心的鹰。"

画凤凰

这位画家以画水彩画著名，人们都称赞他画的花能散发香气，他画的鸟能开口鸣叫。

国王听了此事，便专程去拜访那位画家。"请你为我画一只凤凰吧，此生我最想见的鸟就是凤凰了。"国王对他说。画家答应了国王，并告诉他一年后才能来取。

一年之后，国王如约登门来访。一进门他便问道："我的凤凰呢？你可为我画好了？"

"陛下请稍等一下，您的凤凰马上就来。"画家边行礼边回答道，然后便不紧不慢地铺了画纸，润湿了画笔，当着国王的面挥笔如飞起来。不一会儿，一只美丽鲜艳、情态动人的凤凰出现了，国王连连叫好，可是画家叫出的价格却把他着实吓了一跳。

"什么？价格是300万？"国王睁大了眼睛，"就这么一小会儿工夫，而且看起来你毫不费力、易如反掌地就画成了，竟要这么高的价钱，你这简直就是欺君罔上！"

"陛下请息怒，在您接受这个价格之前，我请您先看看我的

画室。"说完，画家便领着国王走遍了他的院子。国王看到，画家小院的每个房间里都堆着满屋的画纸，展开来看，原来每张纸上画的都是凤凰。

"我希望您觉得这个价格是公道的，因为这件看起来毫不费力、易如反掌的事，花费了我多半的时间与精力。为了在这一会儿工夫里给您画出这只凤凰，我已经准备了整整一年的时间！"画家说道。

枕边寄语

没有谁能够不劳而获，巨大的成功背后必然隐藏着辛勤艰苦的劳动。所以，在评价或是羡慕别人的成就之前，请先想想他为此付出的血汗与努力。

"空想家"小狮子

看到身为森林之王的父亲威风凛凛地发号施令，下面众兽无一敢不服，小狮子心里真是热血沸腾。

它心想：长大了我也一定要干出一番大事业来，就像父亲那样，受百兽的尊重和崇拜。

从此，小狮子便一门心思地考虑起如何才能做成大事来，以至于妈妈或同伴让它帮点小忙时，它从来都摇头拒绝："我生下来是干大事的，像这种小事我才不干呢，简直就是埋没我嘛！"

久而久之，其他动物背地里都讥笑起它来，还给它起了个外号叫"空想家"。

这天，小狮子闲来无事到山下去逛，遇到了一匹老马。老马见它无所事事，便忍不住教训了它几句。

没想到小狮子立刻反驳道："我不是不想干事，我只不过是想干大事罢了。我想出人头地，只有大事才能让我出人头地，不是吗？"

老马想了想，便把小狮子带回了家中，从抽屉里拿出一包花种："这是我们整座大山上最名贵的花，如果它开放，全山的野兽们都能被它的香气所迷醉，这可谓是惊天动地了吧？现在，你想个办法让它早点抽枝、长叶、开花吧。"

"这还不简单，把它埋进土里，浇上点水，它自然就会生根发芽，到秋天开出美丽的花朵了嘛。"小狮子得意地回答道。

"可是这样做岂不是首先埋没了它们吗？"老马笑着问道。

"不先埋下它们，它们怎么会发芽和开花呢？"

"哦，看来你早就知道出人头地的正确方法啊，孩子。"老马乘机说道。

"啊，这……"小狮子立刻脸红了。

枕边寄语

　　要想出头，必须先埋头。只有首先埋头做事，日后才可能有所作为。如果心浮气躁，急于出人头地，除了自寻烦恼和被人耻笑外，我们什么也得不到。

山谷里的百合花

　　这是一片高耸入云的断崖，在崖底的山谷中，盛开着无数不知名的杂草。不知道是风姑娘的怜悯，还是飞鸟的疏忽，一颗百合的种子被留在了这里。

　　第二年春天，小小的百合使劲儿钻出了地面，和郁郁葱葱的杂草混长在一起，看上去，它跟大家一模一样。

　　"嗨，老兄，去年我好像没有看见你啊。"一棵杂草冲小百合喊道。

　　"哦，我是去年秋天才来到这里的，"小百合快乐地答道，"能和这么多种类不同的兄弟姐妹在一起，我真是太开心了。"

"哦？"杂草惊讶地问道，"不同种类？你不也是一棵草吗？"

"不，我是一种花，我的名字叫百合。"小百合天真地答道。

"哈哈哈……"小百合的回答引来了它周围无数杂草的哄笑。接着，大家就你一言我一句地讽刺起它来："明明是棵草，还以为自己有多高贵呢！""恐怕你还没从冬梦里醒过来吧！"……

大家的讽刺令小百合很是伤心，但是它越解释，大家的冷嘲热讽就越厉害。干脆，小百合闭上嘴巴不说话了，"等夏天吧，等到那时我开了花，你们就会知道我跟你们不一样了。"它心想。

从此，小百合就非常认真地成长起来，它一直恬然隐忍着，等待花开的时节。

初夏时分，在大家不屑的眼神和嘲讽中，年轻的百合花忽然在一日之间开出了晶莹剔透的白花。野草们目瞪口呆，从此再也不敢嘲笑它了。

此后的数年中，百合一直努力地开花、结籽，并让它的种子随着风，散落到山谷的各处。几十年后，原本杂草丛生的山谷，

枕边寄语

　　讥笑冬树的光秃，不是树的悲哀，而是你的愚蠢——有些时候你之所以不相信别人的选择，只是因为他无法在那一刻证明自己。

已经成了百合花的天下。

不管别人怎么看待，新生的百合都始终谨记第一株百合的教导："闭上耳朵和眼睛，全心全意默默地开花，以证明你的不同与存在。"

差距

每年 9 月，草原上的马都会参加马家族所举行的金秋赛马大会，希望能够成为最终的优胜者，获得那笔丰厚的奖金。

今年，赛马会照常举行。经过多轮比赛后，名叫波斯和罗德的两匹马脱颖而出了。截止到此刻，波斯和罗德在各次比赛中的总得分恰好相等。因此，究竟谁赢谁输，关键就看最后一次比赛，也就是总决赛了。

裁判马的长鸣一响，站在起跑线上的十几匹马立刻奋力向前冲去。

很快，凭着超水平的实力，波斯和罗德就把其他的马甩下了，现在，它们齐头并进，不相上下。作为拉拉队的小马和老马们夹在跑道两边，不停地为波斯或者罗德加油助威。两匹争气的马果然没有辜负大家的期望，它们自始至终都保持着难解难分的战局，眼看就要到终点了，波斯和罗德都奋蹄加速，拼命争先起来……

最后，电子记录显示，波斯获胜，它的鼻尖到达终点线的时间比罗德提前了0.001秒。结果一出，罗德立刻失望地大叫了一声。它知道：作为第一名，波斯将获得50万美元的奖励，而由于它的总成绩也排在第一位，它还将获得100万美元的奖金。也就是说，通过这场比赛，波斯总共会拿到150万美元。而自己，由于这次比赛和总成绩都是第二名，一共只能拿到5万美元的奖金，与波斯整整相差30倍。而如此巨大的差距，都是源于那0.001秒的微小差距！

　　这就是我们常说的微小边缘原理。也许，罗德提前再多一丁点儿训练，赛场上再多一丁点儿奋争，技巧方法上再多一丁点儿优势，那150万美元的巨额奖金就是它的了。可是，就因为少了这几个"一丁点儿"，罗德便与波斯拉开了令人难以置信的悬殊差距。

　　值得庆幸的是，不管怎么样，赛马大会都是一场游戏，其主角不过是几匹马。只是，如果罗德和波斯都是人呢？当罗德就是你呢？

枕边寄语

　　人与人之间的许多大差距，都是由微小的差距一点一点积累成的。注意细微的边缘之处，不放过诸多小细节，你终将成为幸运的成功者。

居里夫人和镭

　　居里夫人从理论上推测到了新元素镭的存在，但是巴黎大学的董事会却拒绝为她提供她所需要的实验室、实验设备和助理人员，因为她无法用事实来证明这一点。无奈之下，坚强不屈的居里夫人只好把校内一个无人使用、四面透风漏雨的破棚子当成"实验室"。然后，她把从矿上收集到的沥青矿渣用大麻袋运回，便开始了伟大的发现之旅。

　　当然了，实验室里的"设备"简陋得无与伦比，一口煮饭用的大铁锅、一根粗棒子以及一些必要的试剂和试管便是居里夫人全部的实验家当。而用那根粗棍子不停搅拌锅中煮沸的沥青液体，便是她的整个实验过程。她期待着自己成功的那一刻，所以在整整四年中都不辞劳苦地工作着。最初两年，这位日后震惊全世界的化学家干的其实是粗笨的化工厂的活儿，接下来的两年，才是她试验的初衷——分析沥青溶解后的分离物，也就是镭。

　　经过一千多个日日夜夜的辛苦劳作，"实验室"外面那8吨堆得像小山似的矿渣终于变成了此刻她面前器皿中的这一小点液体。居里夫人满怀期望地等待着，等待着这些液体结成一小块晶体（镭）的时刻。可是等啊等啊，半小时、一小时过去了，原本激动不已的她感觉越来越沉重——玻璃器皿中的液体，她4年来的汗水和8吨沥青矿渣的最后结果，居然只是一小团污迹！

夜深人静的时候，疲倦至极又失望之至的居里夫人回到了家，她躺在床上，无论如何都不能入睡，她不甘心，她想找出自己失败的原因。

"只要能找出自己为什么失败，我就不会对失败这么在意了。可是到底为什么呢？为什么它只是一团污迹，而不是一小块白色或无色的晶体呢？那才是我想要的镭啊！"居里夫人一边想，一边自言自语着。忽然她眼睛一亮：既然谁都没有见过镭，凭什么自己这么肯定镭是白色或无色的晶体呢？没准儿，那一小团"污迹"正是自己最想要的东西啊！

想到这里，居里夫人翻身下床，以最快的速度朝实验室跑去。结果还没等开门，她便从"实验室"的墙缝里看到了自己伟大的"发现"——白天器皿中那毫不起眼的污迹，此刻正在黑夜中散发着耀眼的光芒！"镭！"居里夫人惊喜地叫了出来。没错，这就是镭，一种具有极强放射性的元素。

枕边寄语

看到障碍就意味着已经偏离了成功目标，可如果只盯住成功的招牌，我们也难免会与之失之交臂，因为时常注视自己、反省自己的惯性思维也是必要的。

把帽子扔过墙去

事业刚起步不久，施耐德就遇到了不小的困难。背负着巨大的精神压力，他来找父亲，希望父亲能够给他一点鼓励。傍晚离去时，施耐德的心里已经豁然开朗并且勇气十足了。

父亲给他讲了自己小时候的故事。父亲说："小时候，我是一个很调皮的孩子，经常跑进你祖父的果园里偷吃还未成熟的瓜果。后来，你祖父迫不得已在果园四周围上了高高的篱笆，然后把看护小屋建在了篱笆墙唯一的入口处。但是尽管如此，他依然没能阻止得了我，因为不管怎么着，我总会想出办法钻进去。我的秘诀就在于，一旦觉得钻不过去，我就毫不犹豫地把帽子扔进园子里。这样一来，我无路可退，必须想方设法地翻过去，结果每次我都能成功。

"长大以后，我不再重复那种恶作剧，但是一个信念却因此形成了——面对一堵难以逾越的高墙时，如果你迟疑不决，那就赶快把后路切断。这样，你的思维就会全部集中在'如何成功'而非'可能失败'上。只有在这种情况下，你才可能想出办法来。

"就是靠着这个信念，我才孤身一人从老家来到了芝加哥，克服了没有钱、没有亲友、没有工作的种种困境，成功打拼下了今天的事业，使全家人过上了富裕的生活。"

原来，一旦把帽子扔到高墙那边，人就会打消一切疑虑，全力以赴地攀墙而过，也可以说，只有把帽子扔到障碍那边，人才可能绞尽脑汁地想办法穿越障碍。所以，当一项任务看上去艰巨得难以完成时，你不妨把帽子扔过墙去试试看。

枕边寄语

绝境，往往能唤发出我们自身巨大的潜力。既然如此，遇到难以解决的问题时，主动把后路截断，不啻为"强迫"自己成功的前提。

第五章

别让你的人生输给了心态

简妮特的成功之路

简妮特是一个穷人家的孩子，为了生活，她不得不在很小的时候便辍学打工，补贴家用。她的第一份工作是做某裁缝店的打杂人员，每天的职责就是帮助客人们试穿衣服、清理那些裁缝们丢弃的布头和店里的其他杂物。

因为工作的原因，简妮特常常能接触到一些上流社会的女士们，她们乘坐着豪华气派的轿车前来，神态高贵地挑选着布料，举止优雅地试穿着她们刚刚做好的新衣服。看着这些穿着讲究、举止端庄大方的大家闺秀和贵妇们，简妮特的心里升腾起了一个强烈的愿望，她很希望有朝一日自己也能像她们一样为人瞩目。在这个念头的驱使下，简妮特不管每天工作多么辛苦，也总是尽量保持着迷人的微笑，待人接物时也学得像那些贵妇人，表现得落落大方。

心态真的是一种神奇的力量，这样的日子久了以后，原本毫不起眼的简妮特竟然成了店里最受欢迎的人。不仅同事、老板喜欢，连顾客们也会点名要她服务。她们说："她的得体言行和微笑让我感觉很舒服。"就这样，她被评为了店里最优秀、最有气质的员工。

老板因此破格提拔她为助理裁缝，很快，她就成了著名的服装设计师。

出身并非一个人命运的决定因素。你的心态决定你的目标，你的努力提升你的能力，你的能力改变你的身份和地位。

幸运与倒霉

公司新来了一个业务员叫小王，刚开始时，他信心十足，可是没过几天，那股劲头儿就消失了。

这天早晨，小王颓丧地坐在椅子上，垂着两肩，显得极为无助。恰在此时，业务经理走了过来，问他怎么回事。

"我不想再做了，我想我可能不适合这份工作。"小王无精打采地回答道，"如果仅仅是业绩不好，我完全能承受，我会很努力。可是，我实在受不了那些客户对我的态度，他们批评咱们的产品不说，还侮辱我的人格……"小王显得很激动。

经理静静地听他说完，盯着他的眼睛说道："没错，我就是这么走过来的，而且，情况比你更糟。那时候，我不仅遭受着客户的拒绝、批评，而且遭受着他们的鄙视、打骂。有一次，一个客户甚至直接把我推倒在地，然后把油桶砸在我身上，洒了我满身油……"

小王惶惑地看着经理，他一直认为，这个年薪 30 万的业务经理是众多业务员中的幸运儿，从来不曾遭遇过什么挫折。他突然站起来握着经理的手道："我明白了，相信我一定能行。"

几个月后，小王成了这家公司最棒的业务员。

枕边寄语

　　幸运只喜欢坚定执着的人。越是恶劣的环境，越是成功的契机，倘若临阵退缩，你永远不会得到幸运之神的眷顾；迎难而上，才能抓住艰难背后的机遇。

乐观者和悲观者

这对兄弟虽然是双胞胎，并且长得极像，性格却迥然不同，甚至可以说是截然相反，因为他们一个是乐观主义者，一个是悲观主义者。

很小的时候，他们的父亲曾经试图改变他们兄弟的性格，他给了悲观的弟弟一大堆非常诱人的新玩具，然后把乐观的哥哥关进了满是马粪的马棚里。两个小时以后，父亲去看这俩兄弟，却发现弟弟守着一大堆玩具在哭，而哥哥却乐不可支地掏了满手

马粪。

"你为什么要哭，而不玩这些玩具呢，波比？"父亲问弟弟。

"我玩的话它们会变旧，还可能会坏掉。"波比一边哭，一边说。

"那彼特，你为什么掏了一手马粪还这么高兴呢？"父亲又问哥哥。

"因为我试图从马粪里掏出一匹小马驹来呀。"彼特说完，又跑去掏他的马粪了。

父亲叹口气，从此再也不梦想改变什么了。

慢慢地，兄弟两人都渐渐长大了。波比还是那个悲观的波比，他总是守着大半杯可口可乐发愁：唉，就剩下半杯了。而彼特还是那个乐观的彼特，偶尔地他会因为发现了半杯可口可乐而惊喜：感谢上帝，我还有大半杯饮料呢！

最后，波比面带忧郁地死去了，他一辈子也没高兴过。之后，彼特面带微笑地也死去了，他一辈子也没忧伤过。可是，他们俩都活了一辈子，而且总处于差不多的境遇！

枕边寄语

乐观的人总能在危难中看到有利于自己的机会，悲观的人总能在机会中看到不利于自己的危难。想做前者其实并不难，你只需要在看到阴影时及时转身。

小和尚买油

大山中有座庙，庙里住着一老一少两个和尚。每个月的月初，老和尚都会交给小和尚一只大碗，吩咐他到山外去买食用油，然后告诉他："你小心一点，别把油弄洒了，我们一个月的菜肴可全靠它呢。"

小和尚答应一声就下山去了。回来时，他想到师父的嘱咐，不禁更加用力地捧紧了油碗，一小步一小步地走着山路，丝毫不敢左顾右盼。可是不知为什么，他心里越是紧张，手中的碗就晃得越厉害，临近家门时，油已经洒掉了将近三分之一。

第二个月月初，老和尚又吩咐小和尚去买油。像上次一样，小和尚回来时小心翼翼地走着，生怕再出什么问题。可是大碗也像上次一样，总是晃啊晃的一点点往外洒，急得他眼泪都快掉下来了。到了庙门时，光顾碗不顾脚下的小和尚冷不防被门槛绊了一下，结果油一下子只剩下三分之一了，傻了眼的小和尚忍不住放声大哭起来。听见哭声，老和尚赶紧跑了出来，当他看到装油的碗时，立刻火冒三丈："你还有脸哭！真是气死我了！"

可是气归气，第三个月来临时，因为老和尚有事走不开，所以还得吩咐小和尚去买油。但是这次，他改变了以前的态度，只听他这样吩咐小和尚："你听好了，我要你在回来的途中多观察你周围的人与事物，然后详细地报告给我。"

小和尚为难地咧了咧嘴，但最后还是去了。回来时，他遵照师父的嘱咐留心着山路两旁，发现山路边的风景竟然很美——远方山峰雄伟，近处梯田片片，梯田边还时不时有开心奔跑着的孩子，路旁的古松下还有两位下棋的老先生。

这样一边看一边走，不知不觉，小和尚已经到庙里了。当见到师父时，他才注意到：碗里的油还是满满的，一点也没洒。

枕边寄语

越是刻意地握紧拳头，越是连空气都抓不到；相反，轻松坦然张开双臂，世界却会尽在怀抱中。看来，要想让生活无忧无虑，我们必须首先学会不在意。

丑陋的脸，漂亮的心

学生们都知道，学校里有一位非常可怕的女老师——她的左半张脸上，有一块好大好大的黑胎记，看上去好吓人。但是出乎大家意料的是，她的老公竟然是位风度翩翩、长相英俊的美男子，弄得每到放学时，好多女生就赖在学校里不走，以期看一眼前来接女老师的帅哥。

高二那年，这位"可怕"的女老师成了六班的班主任。刚开始时，六班几十位同学都掩口而笑；上半学期期末时，女老师已

　　经成了大家交口称赞的对象；高二结束时，除了一位生病休学的学生外，所有同学都已经把女老师视为了知己，连自己埋藏已久的小秘密都愿意向她和盘托出。

　　这是怎么回事呢？原来，一切都源于女老师始终如一的明朗、公平和乐观。她曾经这样给学生们讲述自己的过去：

　　"大学之前，我一直为自己丑陋的相貌而自卑不已，脾气极坏。那时候，几乎没有谁愿意理我。大一时，我遇到了改变我命运的哲学老师。我至今记得他那句让我的人生得以扭转的话，其实很简单：'生得不漂亮你可以怨天尤人，活得不漂亮你只能打自己耳光。'

"这句话犹如醍醐灌顶，让我茅塞顿开。从此，我一改原来的性情，变得阳光、开朗和积极。毕业时，我优异的成绩、独特的个性和雄辩的口才已经征服了院里所有的人，是院长亲自把每年只有一个的'魅力大学生'奖颁发给我的。碰巧的是，我捧着奖杯那刻的满脸阳光，又为我赢来了美丽的爱情。

"我现在之所以给大家讲这些事情，是希望大家都能永远记住：一个人可以生得不漂亮，但一定要活得漂亮。做到这一点，世界上所有不可思议的漂亮就会接二连三地来到你的世界里。就像丑陋如我，却依然赢得了你们美丽的心灵一样。"

枕边寄语

美丽的外表可以为你赢来羡慕，美丽的内心可以为你赢来尊重。羡慕的下一步是嫉妒，嫉妒的下一步是仇视贬损；尊重的下一步是信任，信任的下一步是推心置腹。你愿意得到哪一样？

不是幽默的笑话

美国第七任总统安德鲁·杰克逊，是美国历史上最出色的政客之一。但一向以睿智、机敏著称的他也会犯一些不该犯的错误。

自从妻子死后，杰克逊总统就陷入了长期的忧郁与恐慌中——家人已经不止一个死于瘫痪性中风，自己也可能会死于这种病。几年过去了，虽然杰克逊活得好好的，但是他依然摆脱不了这种阴影。

一天，杰克逊在朋友家遇到一位年轻的小姐，便兴致盎然地跟她下起棋来。一盘还没下完，就见杰克逊好像虚脱了似的瘫在了椅子上，他拿棋子的手也从桌上滑落下来，无力地垂着，而且脸色苍白、呼吸沉重。

"你这是怎么了，亲爱的？"朋友看见他这个样子，慌忙跑到他身边问道。

"它还是来了，它还是来了……"杰克逊喃喃自语着，"我知道无论如何我也逃不过的。"

"这到底是怎么回事，杰克。"朋友使劲儿地摇着他。

"我得了中风病，我右侧的半个身体都已经瘫痪了，"杰克逊有气无力地答道，"刚才我在右腿上捏了几把，它竟然一点儿感觉也没有。"

"可是，总统先生，"对面的小姐说道，"您刚才捏的是我的腿啊！"

枕边寄语

如果因为未来的、可能发生的悲剧而忧郁，那任何人都将再无快乐可言。即便不幸注定会在明天降临，我们也没有必要在今天就为它付出代价。

特殊的礼物

　　美国修女泰瑞莎一生经历颇多，却从未被任何磨难打倒过。她这样表述自己的秘诀："世界上的艰难困苦比比皆是，但是面对它时，却有人痛苦，有人欢欣，我想这跟人的心态有重要关系。比如，如果将之视为上天恩赐给我们的特殊礼物，我们的生活便会减少几许悲哀，平添许多快乐……"

　　"上天恩赐的特殊礼物"，这几个字如石击水，让人的心里翻腾起了道道涟漪，知道再遇到不开心的事情时，应该怎么做。

　　×女士乘飞机去纽约参加一个会议，不想因为天气原因，飞机中途迫降，要停飞4个小时。×女士当时就烦躁起来，又沮丧又着急，但是突然间她就想起了泰瑞莎的话，顿感心情平静了许多——是啊，既然闹情绪也没用，干吗不把它当成一份上天恩赐给我的特殊礼物呢？我平常忙得连休息日都没有，这长达4个小时的休闲时间实属难得，不正符合"恩赐"的条件吗？想到这里，×女士微笑起来，从包里拿出一本杂志，开始慢慢地读起来。

从这以后，每逢遇到磨难与挫折，×女士总会告诉自己"我又得到了一份特殊的礼物"，渐渐地，微笑已经成了×女士的习惯……

枕边寄语

生活中的困苦挫折并不都是破坏幸福的魔鬼，如果你看待它的心态能够转变的话。把自己当成"特殊公民"，把一切挫败当成上天赐予的"特殊礼物"，你便能拥有长久的快乐。

画出来的窗

黄永玉是我国著名的书画艺术家，他自幼喜爱绘画，少年时期便因木刻作品蜚声画坛，有"中国三神童之一"的美誉。但也许你想不到，这样一位绘画大师，同时也是一位"心境"大师。

那一年，黄永玉带着他那颗饱经沧桑的心来到了北京，就住在今天被他命名为"芥末"的故居中。这是一所四壁是墙的老房子，除了一道极为狭窄的门以外，整幢房子连一扇窗也没有。倘若关了门，房间里就会如同半夜一样黑得伸手不见五指。然而出人意料的是，黄永玉并没有嫌弃这个令人憋闷的家，反而开口大笑起来。只见他一边笑，一边拿出一张白纸贴在墙上，然后开始在白纸上画画。不一会儿，纸上便出现了一扇极为逼真的窗户，与真的窗户几乎毫无两样。顿时，整个房间明亮起来，就像屋外的阳光一下子都涌进了这间小屋一样。在场的所有人都被震住了，然后便纷纷鼓掌叫起"好"来。

人们之所以会连连叫"好"，除了惊叹黄永玉大师出神入化、撼人心魄的画技外，恐怕更多的是被他这种"画一扇窗给自己"的豁达超然的人生态度所折服吧。

枕边寄语

不管遭遇何种打击、困境，只要心中有接纳阳光的窗户，我们便能透过现实的黑暗，看到窗外那片明亮的风景。

幸好

没想到世界上有如此大胆的贼，他竟把美国总统富兰克林·罗斯福的家给洗劫了！晚上，当罗斯福回到家时，发现许多值钱的、有用的东西都被偷走了。

听说这一消息后，罗斯福的一个朋友赶紧写信来询问和安慰他，信中写道："亲爱的总统先生，听说您家被洗劫了，我甚为担心。上帝可真是不公平，他怎么能够让您这么伟大的人物遭此不幸呢！

"不管您丢了什么东西，我都希望您能以身体和精神为重，别为此过多分心，以免影响健康。祝你早日开心。"

罗斯福先生读完这封信，立即提笔回信道："亲爱的朋友，谢谢您来信安慰我。我现在很平安，无论身体情况还是精神状况都很好，所以您完全没有必要为我担心。上帝真是太公平了，因为以下 3 个理由，我由衷地感谢上帝：

"一，贼只是偷去了我的财物，而没有伤害我的身体；

"二，贼偷去的只是我的部分财物，而不是全部；

"三，这最后一点也是我感觉最值得庆幸的一点，做贼的是他而不是我！"

翠玉戒指

市里最大的珠宝店昨晚失窃了，数件价值连城的宝贝都不翼而飞。

但是经过勘查，警察却没有发现任何蛛丝马迹，只从破坏保安系统、开保险锁、接应、放风等的密切合作上判断出：这肯定是个犯罪团伙，而非一人。

没办法，珠宝店只好悬赏寻宝。店老板也接受了记者采访，公开在镜头前大拍着脑门，显出满脸的沮丧："唉，那些金银钻石丢了我倒不心疼，我就是心疼我那个翠玉戒指！要知道那可是我祖传的宝贝，价值连城啊。我原本想把它换成现金再开一家店的，没想到竟然被盗了，真是心疼死我了！"

当然，那伙窃贼也看到了这段电视录像，但是店老板的话音刚落，他们便把目光齐刷刷地投向了外号叫"老黑"的人身上："你竟然敢私藏一件宝贝！"说着，众贼的拳头便如雨点般地砸了过来。

老黑惨叫着为自己辩驳："我没有藏，你们相信我，我真的没有藏。"

"从头到尾都是你一个人在接触货，不是你还能有谁！"众贼更愤怒地打着老黑……

第二天，警察给珠宝店的老板打来电话，让他前去认领失窃物，说案子已经破了，可惜的是没找到那枚翠玉戒指。

验收了失窃的宝贝后，店老板对警察说了一句："我就丢了这些东西，哪有什么翠玉戒指。我一时糊涂，乱说的。"

警察先是一愣，继而恍然大悟，哈哈大笑起来。

枕边寄语

　　正所谓"邪不压正"，即便是邪人，也总是宁可相信正人的假话，而不愿相信邪人的真话。利用好这一点，有助于我们在某些时刻化险为夷。

猎狗与兔子

阿黄是一条品种优良的猎狗，经过长期的训练，它已经成为主人的好帮手。

别看它的身体壮硕无比，追捕起猎物来可是驾轻就熟，速度非常快，而且反应极为敏捷。

一天，主人又带着阿黄去狩猎。刚走进森林，他们就看见一只毛色发黄的老兔子在觅食，主人抬手就是一枪，可惜子弹一偏，只打中了兔子的一只耳朵。

受此惊吓，受伤的老兔子掉头就跑，训练有素的阿黄立即紧随其后，展开了自己最拿手的追捕。虽说森林是兔子的家，兔子在路径上稍占优势，但灵活异常的阿黄也并不逊色，所以整个追捕过程紧张迭起。

眼看着就快被阿黄叼在嘴里时，兔子突然一个猛转身，从阿黄的眼皮子底下蹿进了一片灌木丛。阿黄稍稍一愣，也立即返身追去。可是就在它返身的一瞬间，一根被折断的粗灌木猛地划了它的肚皮一下，顿时，鲜血冒了出来。阿黄疼得"嗷"地叫了一声，一分神之间，兔子没影了。

阿黄刚想再去追，一个念头拴住了它的腿："唉，我这么拼命干吗？就算追不上兔子，我也不会饿肚子啊！"这样想着，阿黄便停了下来，"算了吧，反正现在主人也看不到我了，怎么回事谁知道呢！"

于是两手空空的阿黄开始往回走，这时，一条古灵精怪的翠青蛇从草丛里探出头来嘲笑阿黄道："听闻黄大哥一向以速度著称，今天看来也不过如此嘛，连只兔子都追不上！"

阿黄冷冷地瞅了翠青蛇一眼："我不过是在完成一项任务，而兔子是在逃命！我们是不一样的！"

枕边寄语

做事情时，心中意图的强烈与否会大大影响其结果。倘若破釜沉舟、全力以赴，则十有八九会成功；倘若先留预想、设有后路，则成功就会很难。

乞丐与商人

一位双腿残疾的中年男人在热闹的火车站附近摆摊卖铅笔。由于他衣衫褴褛，过往的行人都把他当成了乞丐，纷纷把兜里一角两角的零钱扔给他。半天过去了，他手里的那把铅笔虽然一根也没卖出去，但地上的毛票却已经有了不小的一堆。

这时，一位商人经过这里，也和大家一样漫不经心地丢下了一块钱，然后迈步远去。但是没几分钟，那位商人又回来了，他迅速从残疾男人手里抽了一根铅笔，并连连道歉："对不起，对不起，您是一个生意人，我竟然把您当成一个乞丐了，对不起。"看着商人远去的背影，残疾男人似乎若有所思。

几年后，当商人再次经过这个火车站时，一家饭馆的老板在门口微笑着向他打招呼："终于又见到您了，我可是一直在期待您的出现。"

"你是？"商人糊涂了。

"我就是几年前在这里卖给你铅笔的那个'生意人'。"饭馆老板有意地加重了"生意人"这几个字，"在遇到您之前，我一直认为我自己是个乞丐，是您，让我意识到了我原来是个生意人。您看，现在我真的是一个生意人了。"

每个人的潜力都是无限的，如果把自己看得宝贵，你身上的宝贵潜能便会被挖掘出来。但最重要的是，人要善于自己发现自己，而不是老等着别人来发现我们。

给困难起名字

父亲是个非常有智慧的老人，他一直这么想，事实也在证明着这一点。

几年前，他倾注全部心血的企业因为遇上意外而突然陷入了困境，正当他愁闷时，父亲拿着一张大字走进了他的办公室。他知道父亲平常喜欢练毛笔字，可现在来的实在不是时候。可没等他皱眉，父亲便堵住了他的嘴："孩子，我知道你遇上麻烦了，所以特地跑过来给你送这幅字。"

父亲把那张纸翻过

来，他看到上面写了一个"坎"字。父亲说："这困难其实就是一道坎嘛，你说，天底下有迈不过去的坎吗？"

"没有。"他说。确实没有，因为仅仅一个月之后，那场官司就被他轻松解决掉了，公司又恢复了往日的生机盎然。

再后来，他与其他合伙人产生了一点矛盾，有好长一段时间他的处境都极为不佳，"发展"看起来困难重重。这时候，父亲又给他送字来了，这回是"弹簧"两个字。

"困难像弹簧，你强它就弱，你弱它就强。"父亲说。他笑了，从此再也没有在父亲面前提过"困难"二字，因为他已经学会了"强"。

10年之后，他创办了自己独资的公司。深受父亲影响的他把"小菜一碟"四个大字挂在了各个办公室里，久而久之，所有的员工都用这四个字代替了"困难"二字。

一次，公司接到了好大一笔订单，可是对方的条件非常苛刻，要求在一个月内交货，那可是平常两个月的任务。

当他把这个消息传达给员工，问他们能不能办到时，员工异口同声地答道："没问题，小菜一碟！"于是他笑了。

后来的事实证明，这的确是小菜一碟。

枕边寄语

困难没有统一的标准，每个人都有自己独道的见解。只不过，如果你不把它叫成困难，你就会想出相应的对策来；如果你非把它叫成困难，你就只有愁眉苦脸了。

残疾军人的愿望

据传，在法国一个偏僻的小镇上，有一个特别灵验的喷泉，它常常会出现各种神迹，能治好多种疾病、实现许多人的心愿。因此，每天从国内以及世界各地赶来治病、许愿的人络绎不绝。

在二战中失去右腿的托马斯听说了这件事之后，也饶有兴致地赶来了。可是当他拄着拐杖，一跛一跛地走过小镇长长的马路，来到许愿泉前面时，周围的人都用一种异样的眼光打量着他，甚至有人开始用同情的口吻窃窃私语："可怜的家伙啊！他来做什么？""难不成是想治好他的残疾？或者是请求上帝再赐给他一条腿？"

听到这些议论，托马斯并没有生气，他微笑着转过身去："我并不是要向上帝请求有一条新腿，而是想请求他教会我，在失去一条腿后，也知道如何过日子。"周围的人顿时都愣住了，不一会儿，他们给了托马斯一阵热烈的掌声。

枕边寄语

当事情还有转机时，我们应努力把握；当遭遇已成定局时，我们应学会接纳与感恩，并积极寻找其背后的阳光。要知道无论怎样你都能快乐地生活，只要你愿意。

第六章

愿你永远懂得取舍，
活得洒脱

狐狸与葡萄

　　觅食的狐狸被一阵果香吸引了，顺着香味，它寻找到了源头———一片旺盛的葡萄架。时值初秋葡萄成熟的季节，架上溜圆晶亮的果实把狐狸馋得垂涎欲滴。

　　于是狐狸围着篱笆转起来，它希望能够寻找到一个入口。结果，它还真发现了一个小洞。可是那洞实在太小了，狐狸肥硕的身体根本钻不进去。怎么办？狐狸眼珠转转，想出了一个办法：饿自己几天，让身体瘦下来。

　　在篱笆墙外绝食七天之后，狐狸的身体已经变得非常苗条了，再稍稍一使劲儿，它一下子就钻到了篱笆墙里面。这下好了，架上诱人的葡萄全都是它的了。

　　美美地享受了半个月之后，架上的葡萄基本上已经被狐狸吃光了。这时，心满意足的它打算打道回府。可是再次靠近出去的洞口时，它才发现，自己胖起来的身体又无法成功钻过那个小洞了。所以没办法，狐狸只好再次绝食七天，把自己饿瘦，然后钻出了篱笆墙。

结果，钻洞而入的狐狸和钻洞而出的狐狸几乎一模一样。

看到这里，有人也许会嘲笑狐狸的愚蠢，但是也有人对它的做法却抱有几分敬意。其实人生或者其他任何一种生命，最初和最末的状态都是差不多的。而如何对待中间阶段，便是生命涵义的唯一答案——伟大的人，会选择创造；聪明的人，会选择享受；愚蠢的人，会选择逃避……

枕边寄语

　　花开之后是凋谢，人生最终是死亡。任何事物包括生命在内，都是一个左右对称的过程。只不过，把途中风景画成什么样，决定权在你。

再试一次

　　一位生物学家和一位心理学家在一起讨论"信心和勇气"这个话题，生物学家做了一个实验给心理学家看：

　　他给一个很大的鱼缸放上水，然后用一块干净的玻璃板把鱼缸隔成了两半，一半放上一条已经饿了好几天的食肉大鱼，另一半则放上大鱼最爱吃的数条小鱼。

刚开始，饥肠辘辘的大鱼两眼放光，拼命冲击着小鱼所在的区域，可是一次又一次的碰壁之后，它的速度和冲击力都明显地减弱了。

一刻钟之后，撞得鼻青脸肿的大鱼停止了攻击，失望地伏在缸底呼呼喘气。这时，生物学家轻轻地抽掉了那块玻璃板，让小鱼可以自由自在地游到大鱼嘴边去。结果，对于近在咫尺的美食，食肉大鱼居然无动于衷，只敢看不敢吃！很显然，是多次的失败经历把大鱼吓住了。

"在动物界，大鱼吃小鱼本是天经地义，当然也是轻而易举。可是这条大鱼却害怕起自己的手下败将来，这不得不说是它的悲哀啊！"生物学家叹道。

"再相信自己一次你就可以吃到美味了！"心理学家对着麻木的食肉大鱼说道，尔后又转过身来，"看来，哪怕失败999次，我们也必须第1000次地站起来，因为很可能，这一次就是捅破窗户纸的时候。"

"由此可见，因为一次两次的失败便放弃努力，有时会留下很多遗憾！"生物学家总结说，"我们应该记住这句话：无论何时，都要再试一次。"

枕边寄语

因为害怕失败的痛苦，所以我们选择放弃或者是不再尝试。可是不选择也是一种选择，放弃不等于选择了一种更大的痛苦吗？

孰轻孰重

古时候，我国有个地方叫永州，据说那里的人们都很会游泳。

一个夏天，大雨一直不停地下着，一场百年不遇的洪涝灾害到来了，永州人不得不纷纷外逃。

这五六个人还算幸运，不知从哪里找来了一只小木船，他们轮换着，拼命地摇橹，希望快点逃出这死亡的深渊。

但是突然，一个大浪扑来，小船一下子被打翻了，几个人都落水了。他们赶紧扑腾着往岸上游去，可是其中有一位使出全部的力气，也没能游出多远，他的头在水里一沉一浮的，眼看就要不行了。

同伴们回过头来着急地问道："平日数你游得好，今天你这是怎么了？"

这人一边挣扎一边回答道："我怕到了外地没法生活，所以就在腰上缠了五百两银子，可是银子太重了，坠得我快要游不动了，你们快来帮帮我吧。"

同伴们听了这话，生气地大喊道："都什么时候了，你还在意那点银子！快点解下来扔掉啊，保命重要！"

但是这个人却怎么也舍不得扔掉银子，结果同伴们都游上岸了，他还在水里挣扎着，最后终于被淹死了。

看着他在巨浪中消失，同伴们叹息道："唉，别怪我们不救你，是你自己不分轻重，不救你自己啊。"

得失总是相随的，合理地选择放弃，也就等于合理地选择得到。不分轻重地抓住一切，最后只会失去更多，甚至让所得再无意义。

最接近成功的时候

她是一位游泳健将，平生最大的心愿就是成为世界上第一位横渡英吉利海峡的人。为了实现这一理想，在许多年里，她都坚持天天练习，为这重要的一刻作了最好的准备。

极具历史意义的一天终于来临了，在众多媒体、观众的关注下，信心十足的女选手跃入海中，开始朝对岸的英国游去。

天气很好，气温适宜，女选手愉快地前进着，不像是在挑战自己，而像是在享受生命。但当她就快接近海峡对岸时，海上突然起了浓雾，而且越来越浓，最后达到了伸手不见五指的程度。因为身处茫茫大海而失去方向的她一下子恐慌起来，她不晓得还要游多远才能到达对岸，所以她越来越心虚，越来越感觉筋疲力尽。最后，她终于宣布放弃了。

　　可是你知道当时她距对岸还有多远吗？不到 100 米！

　　当知道这一结果时，遗憾和惋惜一下子把她击倒了，她说："如果我知道距离目标只有这么近时，我一定会坚持到底、完成挑战的，不管多辛苦！"但是一切都过去了，"如果"是不存在的。

　　想一想，现实生活中不知道有多少这样的"游泳健将"，都是在最接近成功的时候放弃的，因为那个时候，同时也是当局者最疲惫、最沉重、最迷茫的时候。

　　看来，"否极泰来"的确是一个真理，成功往往会在我们最苦、最累、最艰难的时候现身。既然如此，当坠入"谷底"时，我们就应该多徘徊一会儿。对，哪怕是"徘徊"，我们也要比别人多坚持一会儿，因为成败之间，差的往往就是这么一点。

商人论成败

一般来说，从事航海生意的人，总是难逃风暴、触礁、鲨鱼等海难，可是这位商人却受到了命运女神的垂青，他不但屡屡战胜了各种风险，还幸运地躲开了种种恶劣气候和不利地形的影响。在经营海运的这 20 年中，他没有遭遇过一次灾难性的损失，而且他的代理人和经销商们也始终对他忠实守信。最不可思议的是，虽然他并不精明，曾贩来许多在当地非常不畅销的烟草、瓷器等，但超乎寻常的好运总能让他只赚不赔。总而言之，他最后成了当地腰缠万贯的大富翁。

他的财富引来了无数的嫉妒，有人曾极为羡慕地对他说："您的一顿便饭恐怕都比我们的年夜饭还要丰盛。"

"这还不是靠我自己的努力，靠我自己的聪明才智啊！是我这双独到的慧眼让我抓住了种种好机会，成了大富翁啊！"商人得意洋洋地说。

说来也怪，自从说了这句话之后，商人的财运竟然急剧下降起来。首先是他押的几支股票纷纷疯狂下跌，让他一夜之间损失了上百万元。再就是他租的一条船碰到风浪翻了船，全船货物连同所配人员一齐沉了海底，为此，他光赔款就付了将近 600 万元。再后来，他听信风水先生的疯话，开始大兴土木建造"吉宅"以求避过中年大难，可是一场史无前例的水涝灾害让他的一切希望都化成了泡影。

看到他如此迅速地陷入一文不名的境况，朋友问他到底是怎么回事。

他摆摆手，摇摇头，满脸的沮丧之色："唉，别提了，都怪那不济的命运。"

"怎么你好的时候不归功于命运，不好的时候反倒怪罪起命运来了呢？"朋友反问道，"也许，命运只不过想通过这种方式教会你谨慎小心罢了。"

枕边寄语

命运女神始终一手拿着成功，一手拿着失败，至于你要哪一样，这全在你的选择。所以说，命运归根结底是掌握在你自己手中的，而或成或败，当然也与命运女神无关。

寻找智慧

年轻的沙利王登基了，为了治理好自己的国家，这位雄心勃勃的国王决定学习天下所有的智慧。他征召国内的智者们，让他们把所有的智慧书籍都找来，供他学习。

10年很快就过去了，每位智者都背着满满一箱书回来了，看样子约有5000本。

国王一看头就大了："天哪，这么多，我整天这么忙，哪有时间看哪！"便命令智者们去精简一下。

又是 10 年过去了，智者们这次带回来约 500 本书。可是国王仍嫌太多，要他们继续精简。

再过 10 年，50 本智慧巨著摆在了国王的面前。可是由于国内问题重重，已经不再年轻的国王早已心烦气躁，懒得天天翻书了，所以智者们不得不再次精简。

又过了快 10 年，当一本天下无双的智慧经典呈给国王的时候，四面强敌早已经不断入侵，国势衰微，国王哪还有精力去读书呢？

正在一筹莫展之际，风华正茂的太子求见，用太子贡献的妙计，这位国王很快打败了各方强敌，重振了国威。

当问起太子何以如此聪明时，太子说了这么一句话："我从很小的时候就开始读国库中的智慧宝典了，到现在为止已经读完了 5000 本。据说，这些书还是我父王当年让人找来的呢。"

枕边寄语

一味选择等待，事情将越积越多，最终连一件事都做不来；下定决心，坚持去做，事情便会慢慢变少，而且总会有所收获。

一道测试题

　　这是一道非常著名的测试题，它曾经影响了许多人的一生：

　　在一个暴风骤雨的晚上，你开着一辆车经过一个车站，看到有三个人正在等公共汽车。其一是位快要病死急等救治的老人，非常可怜；其二是位医生，他曾经救过你的命，是你的大恩人，你做梦都想报答他；其三是个女人（男人），她（他）正是你做梦都想娶（嫁）的那种人，一旦错过也许就不会再遇上了。但麻烦是，你的车子太小了，除了司机之外只能再搭乘一个人，这时候，你会如何选择呢？并阐述清楚你的理由。

　　从理论上来讲，每一种选择都能讲得通：没有什么比生命更重要，老人就快要死了，所以应该先救他。但是大千世界，有谁不是最终只能把死当成终点站的呢？这样一想，你决定先让那个医生上车，因为他曾经救过你，而眼下正是一个最好的报答机会。可是你又在想：错过这一次，在将来你还可以寻找很多机会去报答他的，但那个女人（男人），一旦错过了，就很可能永远再遇不到像她（他）这样令自己动心的人了。毕竟这是关系自己一辈子幸福的大事，比其他一切份量都更重一些，所以你又决定带走她（他）。

　　果然，人们对这个问题的答案五花八门，而且都有充分的理由。最终，经评委们一致认同，最佳答案出炉了：

给医生车钥匙，让他带老人去医院，而自己则留下来陪梦中情人一起等公交车。这样既顾全了道义，又报答了医生（把车送给了他），还保证了自己一生的幸福。

这个结果显然是令所有人满意的，但却几乎从未有人一开始就这样想过。因为当事情落到自己头上时，有谁想过要放弃手中已经拥有的优势（车钥匙）呢？

枕边寄语

得失总相随，要想寻找到最佳的平衡点，放弃是前提。很多时候，你之所以不能得到更多，是因为你不愿主动放弃某些优势。

麻烦与机遇

1993年的1月，是世界著名的戴尔公司总裁迈克尔·戴尔和日本索尼公司人员会晤的时间。连续讨论了几天最新研发的显示屏、光盘以及CD—ROM等多媒体技术之后，戴尔已经疲惫不堪了。

在又一个让人焦头烂额的讨论会结束之后，就快撑不下去的戴尔拖着沉重的身体准备回酒店好好休息一下。这时，一位年轻的日本男子忽然挡住了戴尔的去路："戴尔先生，请稍等一下，我是能源系统部门的人，我想跟你谈一谈。请您晚走一会儿好吗？"

"能源系统？"戴尔重复着这几个字，想起了以前某人向他出售发电厂的事情。因为极度疲倦而有些恼怒的他险些一口回绝对方，但当看到日本男子恳切的眼神时，他又微微地点了点头。

对方欣喜地拿出很厚的一沓图纸和表格，一张一张地翻开给他看，上面密密麻麻地写着一种刚研发成功的"锂电池"的功能。日本男子解释了好大一会儿，大脑已经处于混沌状态的戴尔才明白了他的目的——原来他是想推销这种"锂电池"给戴尔公司，供笔记本电脑使用。

戴尔以前曾经听人说起过，使用笔记本电脑的人，最大的期望就是拥有电力寿命比较长的电池，而根据索尼工程师的功能测试表，锂电池有超过 4 个小时的供电潜力。顿时，他感觉到，这是一次良好的机会，于是他非常认真地与对方交谈起来。

后来，锂电池果然成了一种具有突破性的科技产品，而装有锂电池的戴尔笔记本电脑，也因为满足了市场要求而销量大增。相关数字显示：1995 年的第一季度，笔记本销

售额占戴尔公司总收入的 2%，而到了第四季度，比例已经上涨至 14%。

✑枕边寄语⌒

　　良好的机遇从来不会以一种诱人的姿态出现，而是总带着凡人的面具出场。如果你拒绝麻烦，那成功很可能会被你一起拒绝掉。

上学与雕塑

　　迈克是个调皮捣蛋的孩子，他烦透了单调乏味的读书生活。因为成绩不好，老师的责罚与同学的奚落更是家常便饭。母亲因此伤透了心，不得不把"望子成龙"变成了"望洋兴叹"，认为自己的孩子再也没有什么前途可言了。

　　迈克虽然学习不好，却有一手绝活，随便什么木头、石块，到了他的手里摆弄几下，就会变成一个可爱玲珑的小玩意儿。看着儿子每天"不务正业"，母亲让他退了学，找了家工厂去打工。在打工时，迈克依然是个雕塑爱好者，常常为了雕刻一个小东西而忙到凌晨两三点钟，在第二天的工作中哈欠连天。可怜的母亲因此常常泪水涟涟，她实在是太忧虑儿子的将来了。

　　可是出人意料的是，原本"不务正业"的迈克后来竟然成了轰动一时的雕塑大师，因为他在市政府组织的某场雕塑大赛中获得了唯一的特等奖。为了表示对这位雕塑天才的尊重，市政府还特意将他的作品放大，安置在市政大楼前的广场上。

面对这一结果，失望了 20 多年的母亲瞠目结舌。

丈夫和油漆匠

凯蒂刚刚买了新房子，兴奋地与丈夫商量好墙壁的涂料颜色后，就去找油漆匠了。虽然丈夫曾是个优秀的装修师，但是很不幸，他的双眼在一场车祸后失明了。

油漆匠找来后，丈夫一边和他聊天，一边帮着做点力所能及的事。比如搅拌时，应油漆匠的要求帮忙去扶一扶颜料桶啦——不过这多少有些奇怪，因为这根本不需要太大的力气，一只手搅拌，另一只手扶住桶就足够了。

七天之后，粉刷工作完成了，淡绿色的墙壁看上去相当漂亮，凯蒂非常满意。但是收费时，油漆匠只收了原定价格的一半。凯蒂奇怪地问他："怎么？"想一想她又忽然明白了什

么似的说道："我们很棒的，不需要您的特殊照顾。"

油漆匠答道："我并不是为了表示照顾，而是为了表示感谢。在和你丈夫一起工作的这几天，我过得非常快乐。我想，这段日子会改变我今后的人生，因为他的乐观让我意识到，我的境况并不是最坏的。少算的那部分钱，就当是我对他表示的谢意吧。"

说完这些，油漆匠便拎着颜料桶走了。粗心的凯蒂这才发现，这位油漆匠只有一只右手。

枕边寄语

我们无法选择人生，却能选择面对人生的态度；我们无法改变事实，却能改变面对事实的心情。所以，无论境况如何，我们都能快乐，只要我们选择快乐。

就看你开哪扇窗

因为工作太忙，父母将小女孩送到了乡下爷爷家。缺少了同龄孩子的陪伴，小女孩感觉异常孤独。

只有当她跑进爷爷的玫瑰花园，看着美丽的彩蝶飞舞时，她的脸上才会展露出纯真的笑容。

为了让孙女尽可能地高兴，爷爷花高价买了一只非常可爱的黄毛小狮子狗送给她。

小女孩果然非常欣喜，每天都会带着小狗到处跑，原来的忧郁一扫而光。可是这样快乐的日子没过几天，小狮子狗就因为误食毒药死了。

小女孩伤心极了，她一边趴在窗台上看窗外忙碌的人们——他们正在埋葬自己最心爱的小狗，一边泪流满面地哭泣，好像小狗带走了她全部的快乐。爷爷见状，赶紧心疼地把她抱下来，抱到另一扇窗下。

枕边寄语

窗外是什么样的风景，我们无法改变，但我们却可以选择待在哪扇窗下面。选择那扇能够带给你快乐的窗户，你也就选对了心情，选对了对待人生的态度。

这扇窗正好对着那片玫瑰园，时值盛夏，玫瑰花开得正好，阵阵清香随风飘来，沁人心脾。小女孩顿时觉得心胸明朗，她呆呆地看着玫瑰花，又想起了不久前在花丛里奔跑捕蝶的情景。想着想着，她不知不觉就忘记了刚刚死亡的小狗，脸上挂满甜美的微笑。

这时候，爷爷托起她的下巴说："宝贝儿你看，你是可以高兴起来的，就看你开哪扇窗。"

农夫和商人

得知敌军撤走时丢弃了大量财物，农夫和商人喜出望外。他们各自拿了个口袋，来到大街上捡东西。

首先，他们各自看到了好大一捆被烧焦的羊毡。农民想，不管怎样，它还能保暖，所以就背了起来；商人想，给它装上华丽的外套我照样能高价出售，所以也背了起来。

再往前走，两人又各自看到了一大包衣服。农民想，羊毡再保暖，毕竟是烧焦的，况且也不能裹着羊毡到处跑，所以就丢了羊毡背起了衣服。商人想，我正好可以把这些衣服的布料做成外套套在羊毡上，所以他又捎上了衣服。

再后来，他们又各自发现了一包银质的餐具。农民大喜，心想有了这些纯银的餐具，我完全可以不愁吃穿了，还要这些旧衣服干吗，所以就扔掉衣服，揣起了餐具。商人也大喜，心想这一趟真是没有白来，不但捡了能变成钱的，还捡了实实在在的钱，所以他拍拍肩上沉甸甸的口袋，又弯腰拎起了餐具包。

这时，突然天降大雨，可商人怎么也不肯放弃白捡来的羊毡和衣服。由于那些东西吸水后变得异常沉重，最后他被压死了。而一身轻的农民则一溜小跑回了家，变卖餐具后，他的生活富足起来。

枕边寄语

财物、诱惑也有分量，如果不知节制，什么都想抓在手中，早晚会被累死。该放就放，集中精力选择最重要的，才是明智之举。

1元与5角之争

偶然一天，小镇上来了一位乞丐，谁都没想到，这位呆头呆脑的流浪者竟然能够在镇上"安扎"下来，成为"常住"人员。

这是怎么回事呢？他安身立命的收入从何而来呢？原来，一切都是缘于他的"大智若愚"——镇上的居民看他傻乎乎的，便常常把他当成傻瓜戏耍，想尽办法开他的玩笑和捉弄他。大家最

常用的方法就是：在地上放一个 5 角的和一个 1 元的硬币，让他来挑选，看着他急急去拿那个 5 角的，大家都讥笑他的愚蠢。

这样的事情，乞丐每天都能遇上好几次，最多的一回，他一天经历了二十来次。也就是说，光靠这一项，他每月就能有 100 多块钱的收入。而乞丐对生活的要求又不高，因此他不但能够吃饱喝足，日久天长，他还有了一点点节余。

终于有一天，一位有爱心的妇女再也看不下去人们对乞丐的嘲笑了，她偷偷地对乞丐说："难道你真的分不清 1 元和 5 角吗？那我来告诉你吧，是 1 元的大。以后啊，你拿那个 1 元的，他们就不会再笑你傻了。"

"我才不呢。"乞丐固执道。

"为什么不啊，可怜的人？"妇女大惑不解地问。

不想乞丐狡黠地眨了眨眼睛说道："因为我要以此为生啊。如果我拿那个 1 元的话，以后谁还会再跟我玩这种游戏呢？我这不等于自断财路吗？"

妇女大吃一惊，顿时哑口无言。

枕边寄语

当人自以为聪明而嘲笑他人的愚蠢时，其实正暴露了其自身的愚昧无知。所谓"大智若愚"，才是真正智者的所为。

命运与性格

他叫瓦尔坦，是一个刚满六岁的小男孩，不幸的是，他的母亲因病去世了，他的父亲也因为战争而不知所踪。由于是个孤儿，又常常受到大孩子们的欺负，原本天真活泼的他开始变得内向，直到整天紧闭着嘴巴一句话不说。

就在这时，拯救他命运的天使出现了——祖母来到了他的身边，并最终将他带回自己所在的山区，悉心扶养他长大。

瓦尔坦的祖母是一个非常不幸的女人。由于丈夫早亡，她不得不一手把几个儿女拉扯大。原本以为可以享享清福时，战争开始了，紧接着，疫病也来了，于是，她失去了所有的孩子。按理来说，如此深重的苦难一定会将一位原本脆弱的女性击倒，可出乎人们意料的是，她从未因此而失去对生活的信心。

现在，失去亲人的孙儿来到了她的身边，她必须想办法让孙儿从过去的阴影里走出来，健康快乐地成长。关于这一点，任何人都不会怀疑，因为她一定能做到，就像对待她自己的苦难那样。果然，孙儿来到山区不久，便恢复了原来的活泼开朗，并且更坚强、积极和热爱学习。

多年之后，当年那个瘦弱的小男孩已经成了美国布朗大学的校长。当有记者采访他请他讲述一下自己的成长经历时，他说起了对自己影响至深的一句话："这句话是我的祖母告诉我的。我小的时候，她经常这样教导我：'孩子，有两件事你一定要记牢。第一是命运，那是你无法控制的；第二是你的性格，那是在你掌握之中的。你可以失去你的美丽，也可以失去你的健康和财富，但是你决不能失去你的性格，因为它是掌握在你自己手中的。'这句话在我的成长道路上起了至关重要的作用……"

从布朗大学卸任之后，瓦尔坦·格雷戈里安又当上了由美国钢铁大王安德鲁·卡内基创办的卡内基基金会的主席，并一直任职至今。可以说，他的成就应该归功于他的性格，而他的性格，当然要归功于他祖母的教导。

枕边寄语

我们可以失去美丽、财富甚至是健康，却不能失去性格，因为性格决定命运，只要性格还在，我们便可以重新把握命运。

骆驼和商人

一个商人赶着骆驼去外地做生意，天色暗下来时，他正好走在一片草原上。看看前后都没有人家，商人只好支起帐篷，准备在野地里过夜。

他刚躺了一会儿，就觉得身边暖烘烘的，睁眼一看，原来是骆驼把头伸进了帐篷。

"主人啊，外面太冷了，你就让我把头伸进来暖和一会儿吧。"骆驼请求商人道。

"好吧。"商人想想答应了，把身子向旁边靠了靠。

不一会儿，只听骆驼又说道："主人啊，现在我的头虽然不冷了，可是脖子冻得要命，你让我把脖子也伸进来吧。"

商人又答应了，身体也又往旁边靠了靠。

再过一会儿，在征得主人同意的情况下，骆驼把半个身子都挤进了帐篷。这时，商人已经紧紧地贴住帐篷的边了。

当骆驼的屁股冷得不行，想请求主人让它全钻进来时，走了一天路、甚是疲倦的商人早已睡着了。"既然主人同意我的半个身子进来，他也肯定不会反对我的身子全进来。"这样想着，骆驼便把整个身子全都拱进了帐篷。可怜的商人，在熟睡之中被挤了出去。

第二天，太阳升起来了，浑身暖洋洋的骆驼从帐篷里钻出来，打着响鼻叫主人起来。可是商人却再也起不来了，他早就被冻死了。

枕边寄语

有些人在追求自己的利益时总会得寸进尺、不知满足，并且不惜损害他人的正当利益。在这种情况下，如果你再不讲原则、一味退让，早晚会被他们逼至绝境。

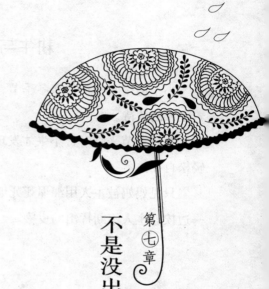

第七章

不是没出路，是你没思路

耕牛与野牛

　　小牛出生时，正是寒冬季节，它天天悠闲地和妈妈一起享受着主人的款待。

　　春耕季节来临时，小牛才发现自己的生活并非像想象中那么轻松自在。

　　只见妈妈被主人用缰绳死死地勒住，一边汗流浃背地干着活，一边挨着主人不断挥出的皮鞭。

看到这里，小牛难过极了，它问："妈妈，世界这么大，我们为什么不逃走呢？干吗要受这份苦呢？"

妈妈一边挥汗如雨，一边答道："孩子，自从咱吃了人家的东西，就注定了要为人家干活，这可是祖祖辈辈留下来的传统和规矩啊。"

小牛不忍再看妈妈受罪，便跑到别处去玩了。跑着跑着，它便来到了大草原上，正好看到一只野牛在自由自在地吃着刚发芽的青草，悠然自得地享受着明媚的阳光。

"咦？你为什么不用辛苦地耕地和挨皮鞭呢？"小牛奇怪地问道。

"逃出来之前，我过的也是那样的生活，因为我吃的是人家的东西。"野牛回答说。

这一下，小牛更奇怪了："你为什么要逃出来呢？"

"既然挨鞭子的前提是吃人家的东西，那不吃不就可以不挨了吗？所以我就逃了出来。你看，现在我不也过得挺好吗？"野牛一边悠闲地嚼着美味的青草，一边答道。

枕边寄语

　　我们可以成为习惯的奴隶，也可以成为习惯的主人。被习惯奴役，我们必将"身不由己"；驾驭习惯，我们才能拥有幸福美好的人生。

背蝎子过河

蝎子可谓是青蛙的死对头，因为它非常喜欢蜇青蛙。这一天，小青蛙正坐在河边唱歌，一只蝎子悄悄地来到了它的身后。想躲已经来不及了，于是青蛙便作好了战斗的准备。

没想到蝎子非常礼貌地说道："亲爱的小青蛙，我要到河对岸去办点事，可是我不会游泳，所以，请您发发慈悲，把我背过去吧。"

小青蛙连连摆手道："不行不行，坚决不行，谁不知道你们蝎子最喜欢蜇我们青蛙！被你的毒针蜇到那可是会要命的。"

蝎子央求道："您放心吧，我的目的是到河的对岸去办事，不是蜇你。"

小青蛙还是不同意，蝎子再一次哀求道："求青蛙大哥发发善心吧，我的事情真的很着急，我保证、我发誓绝对不会蜇你的。"

看到蝎子着急的样子，又听到它信誓旦旦的话，小青蛙心软

枕边寄语

要警惕别人的坏习惯成为你背上的蝎子。如果明知对方有某种恶习，那千万不要轻易相信他关于改变习惯的承诺，否则，你很可能于不经意间被他的坏习惯拖下水。

了："是啊，我是在帮它，它总不至于害我这个恩人吧？"想到这里，小青蛙向前了一步："上来吧，我背你过河。"

可是还没到河对面，蝎子就不由自主地蜇了青蛙一下，青蛙痛苦地挣扎着："你说过你不蜇我的。"

蝎子回答道："对不起，我不是故意的，我只是习惯了蜇青蛙而已。"

寻找点金石

很偶然地，这位年轻人从某本书中发现了"点金石"的秘密。他欣喜若狂，立刻马不停蹄地来到了海边，开始寻找那种能把普通金属变成纯金的神奇石子。

他想，如果捡到一颗石子就把它扔到地上，是很有可能几十次、几百次地捡拾同一颗石子的。所以他决定，凡捡起的石子都扔到海里去，这样，自己便能轻松地避免做无用功了。

于是，每当捡起石子，他便甩手扔进面前的海水里。这样干了整整一天，他并没有寻找到点金石，没办法，他只得重复下去，一星期、一个月、一年……他始终没有找到点金石，所有经过他手的石子都是冰凉冰凉的普通石子。

渐渐地，寻找点金石已经成了一个遥远的梦，似乎每天，他只是在做着一个极其简单的游戏，捡石子、扔石子。但是某天下午，

当他像往常一样，把刚刚捡起的那颗石子扔向大海时，似乎感觉到有点异样，这块石子暖暖的，明显与其他石子不一样……"点金石！"当他反应过来时，那块石子已经被他习惯性地扔向了大海，天空中，出现了一道与扔其他石子时没有什么两样的弧线。

⌒枕边寄语 ⌒

习惯会影响甚至是决定成败。习惯是一种顽强的力量，如果你习惯了抛弃，那么，当真正想要的东西已经被你握在手里时，你依然会习惯地将之抛弃。

早已经放弃了挣扎

一根矮矮的柱子，一条细细的链子，可以拴得住陆地上最大的动物——重达千斤的大象吗？答案是肯定的，能！你一定不会相信，但是有机会到印度或者泰国去看一看的话，你就会相信了。因为在那里，这种令人难以置信的景象处处可见。

这是为什么呢？原来，一切都是源于力量无穷的"习惯"。

在大象还是很小的小象时，驯象师们便用一条细铁链将它拴在柱子上。由于身体幼小，小象的力量尚不足以挣脱铁链，所以，虽然它们一开始总是拼命挣扎，到最后总会安静下来——它们明白了，无论怎么努力，那条链子都是不可能挣脱的。

渐渐地，小象长大了，长成了力大无比的庞然大物，但是它们依然无法挣脱链子，不是因为不能，而是因为它们从来不曾尝试过，甚至连这种想法都不曾有过。因为在它的观念里，它认为这是绝对不可能的，虽然，轻轻一拽铁链便会断掉。

枕边寄语

习惯是锁住人手脚的无形铁链。很多时候，我们之所以不能成功，不是因为成功太难或太遥远，而是被"不能成功"的习惯思维锁住了。打破这种思维，朝着相反的方向去试一试，奇迹往往就会出现。

看到这里，我们不得不感叹：小象的确是被实实在在的铁链所绑住，而大象，却是被看不见的习惯铁链所绑住。

好苹果与烂苹果

尼克和杰克是十分要好的小伙伴，他们在很多方面很相似，但也有明显的不同之处。以吃苹果为例，同样面对一箱苹果，尼克总会先挑小的、酸的和已经出现烂点的苹果吃，而杰克却恰恰相反，他总是选择大的、甜的和一点坏的痕迹都没有的吃。

为此，两个要好的小伙伴常常互相取笑。

杰克笑尼克道："像你那种吃法，等到把烂的吃完，原本好的也烂掉了，你就等着吃一箱子烂苹果吧。"

尼克反驳道："把烂的先吃掉，剩下的便都是好的，那时候我就可以安安心心地享受美好了。越吃越好，这有什么不好的？像你那种吃法，把好的全挑光，剩下的全是烂的，越吃越烂，又有什么好？再说了，没准儿有些苹果到时候都已经烂得不行了，所以只能扔掉，这难道不是浪费吗？"就这样，杰克说不过尼克，尼克也影响不了杰克，两人一直把这个习惯保持了下去。

长大以后，由于总是习惯于挑选不好的、阴暗的给自己，而把美好的、光明的留给他人，尼克成了当地最有名的慈善家，受尽众人的爱戴。而杰克，由于总是善于抓住最好的、最有利的，剔除普通的和不好的，所以成了非常富有的商人。

枕边寄语

　　不要以自己的行为为标准去判断或否定别人的行为，有些习惯本身是没有什么对错之分的，只要我们一直是驾驭它的主人。

如何付费

　　18世纪末期时，英国犯罪率一直居高不下，为了缓解监狱和警察的压力，英国政府决定：凡犯有重罪者，一律发配到刚刚开辟的殖民地澳洲。

　　但是没想到的是，这个政策刚实施不久，便出现了骇人听闻的情况：因为从事这项运输的都是私人船只，为了尽可能多地获利，船主们把运送条件降到了最低水平，设备简陋、缺医少药不说，犯人们还经常遭遇断水断食的绝境——反正船离岸时运费就到了手，谁还管到澳洲时犯人是不是还活着。

　　就这样，一时间，草菅人命成了理所当然。私人船贩一本万利，犯人却是悲惨无比。为了解决这个可怕的问题，英国政府强制性地给每条船上都配了监督官员和医生，可是死亡率还是一直居高不下，甚至连监督官和医生也一起莫名其妙地死掉了。接下来，迫不得已的政府又用过教育、培训以及群众舆论等诸多方式，可是不管怎么着，死亡率就是降不下来。

正在无计可施之计，一位议员提出了一个建议：不管开始时船上装多少人，一律以到达澳洲时的犯人人数为根据付运输费。

结果，问题一下子迎刃而解了，死亡率甚至一度降为零。

枕边寄语

没有解决不了的问题，只有不合适的解决方式。再大的困难也会有解决的办法，关键就在于要从问题出现的根源上下手，而非小修小补。

你来选总统

一位老妇人给年轻人们出了这么一道题：这是三位候选人的基本资料，假如决定权在你的手里，告诉我你会选择谁来当总统。请记住，一定要选择你认为最合适的那个人，因为你的选择将会影响全人类的幸福。

第一位：他笃信巫医和占卜术，并且经常沉迷于此；在生活中他是一个花花公子，身边至少有两位情人；他是个名副其实的瘾君子，有多年的吸烟史；另外，他还非常喜欢喝马提尼，常常

喝到酩酊大醉。

第二位：读大学时，他曾经吸食过鸦片；工作后，他曾经有两次被愤怒的老板赶出办公室的经历；他很懒，经常睡到中午才肯起床；他也比较喜欢喝酒，几乎每晚都要喝大概 1 公升的白兰地。

枕边寄语

看人是门大学问，从来没有一个固定的公式可以遵循。倘若陷于公式化，便很可能混淆好人与坏人，从而给自己带来危害，甚至还会影响更多人的幸福。

第三位：他是位战斗英雄，曾为众人所顶礼膜拜；他一直保持着素食的习惯；他从来不吸烟，只是偶尔喝点啤酒；年轻时几乎从未有过违法记录。

说完这些，老妇人又慢慢地说道："你们心里肯定已经有明确的答案了，在告诉我你们的答案之前，我先来告诉你们，第一位是富兰克林·D.罗斯福；第二位是温斯顿·丘吉尔；第三位是阿道夫·希特勒。那么现在，请你们告诉我，你选择了谁？"

如此减肥法

最近几年，这个男人的体重一直在疯狂飙升，随着各种肥胖并发症的出现，他终于决定减肥了。

他找到医生，问有什么好办法，但是坚决拒绝不健康的减肥法，免得瘦下去却招来病。医生想了想，让他先回家去等，说第二天早晨自会有减肥专家亲去指导。

第二天一大早，门铃就响了，他打开门一看，一位性感十足的漂亮女郎站在门外。"我是医生派给您的减肥顾问，如果你能追上我，我就是你的。"胖男人喜出望外，立刻跟在女郎后面狂追起来，但是他实在太胖了，怎么也无法"迅速"起来。

眼看着那诱人的女郎越来越远，胖男人更加玩命地追起来。这样的游戏一直持续了几个月，不知不觉中，胖男人已经变成了身手敏捷的健壮男人。只见他精神抖擞，面庞英俊，成了一个标准的美男子。

某天早晨，美男子洗漱完毕静候女郎的到来，他想今天一定要、一定能把她追到手了。正想着，门铃响了，他喜不自禁，打开门一看，不是那位女郎，而是一位胖到极点的丑女人。

"医生告诉我，如果我能追到你，你就是我的。"丑女人说。

美男子一听，慌不迭地向前跑去。

枕边寄语

在人们的习惯思维中，"坚持"往往是一个困难的过程。其实大可不必如此，转换一下思路，试试"转换目标"，你便会很容易忘记艰苦，享受乐趣。

大富翁贷款

一个人夹着皮包走进银行，服务小姐热情地问道："先生，请问有什么事情可以为您效劳？"

"我要贷点款。"

"没问题，如果你能提供担保的话。"

"我能提供。"

"那请问您需要贷多少呢？"

"1 美元。"

"多少？1 美元？"小姐非常吃惊，怀疑自己听错了。

"对，1 美元。怎么？不可以吗？"先生反问道。

"哦，可以可以，只要有担保，多少我们都可以照办。"小姐点头道。

先生拉开皮包，拿出来一大堆票证，有股票、国库券、债券、银行存单等。小姐清点了一下："共 120 万美元，先生。"

"对。"先生面无表情。

"那我现在就给您办手续，首先向您说明：我们的贷款年息为 7%，每年年初结息。当您连本带息还清时，我们就会把所有的担保还给您。"

就这样，这位先生办理了 1 美元的贷款。

旁边一个人实在是忍不住了，便上前问他为何有这么多钱，却还要贷 1 美元的款。先生回答道："租金库保险箱保存这些票据不仅昂贵，而且有风险。我以这种方式把它们保存在银行里，不仅安全也便宜，你看，一年下来我只需要付 7 美分的保管费……"

枕边寄语

很多事情，如果按照常规思路进行处理，不仅浪费人力、财力，得到的结果也很有可能和预期恰好相反，换一种方式处理问题，可能就有别的收获。

贴海报

　　这个周日是文化节，玛丽需要把学生会安排给她的海报全都张贴出去。忙了整整一周后，海报终于只剩下不到 20 张了。但是这时候，玛丽却遇到了一个难题：广告栏里已经满满是七七八八的海报了，尽管其中夹杂着许多上周甚至上月的广告，可是玛丽并不确定它们已经过期。也就是说，如果她加以覆盖的话，别人也许会投诉她。

　　怎么办？玛丽环视了一周，忽然看见教学楼露天大厅的木柱子上有空隙，那是人们经常张贴海报的地方，虽然这并不合规矩。"这些东西显然弄得木柱子很脏，"玛丽自言自语道，"难道我也要这样贴吗？"想了一会儿，玛丽突然有了个好主意。她跑回宿舍，把前段时间搞活动剩下的那些彩色塑料布拿了来，又向朋友借了一卷透明胶带。她首先用塑料布包住柱子，用胶带将它们粘好，然后又把那些海报齐刷刷地贴上去。

　　半个小时之后，玛丽干完了。她走下台阶来，抬头看看自己的作品，满意地笑了：只见金色的夕阳下，几根柱子都换上了彩色的新衣服，打扮得整整齐齐，像是在特意迎接即将到来的文化节。

违反规则固然可以帮我们解决问题，但解决问题并不意味着必须违反规则。聚焦于规则和创造性思考，有利于我们做到这一点。

21号

奥立弗满 16 岁后，决定靠打工养活自己。可是当时正值经济大萧条时期，想找份工作并不是件简单的事。

现在，他正站在一家用人单位的人力资源部门外等候领取面试卡。

被叫进去的时候，奥立弗发现面试卡上的数字已经是"21"了，也就是说，在他前面，已经有 20 个人在等待面试，自然，其中不乏比他优秀的。

怎么办？奥立弗在心中问自己，这份工作非常适合自己的专长，而且薪水也不低，机会很是难得，可是"21"这个位置实在是太不利于自己了，因为这个职位只需要一个人。如果老板在"21"之前就确定了某个人，那自己将再也没有机会。

想了一会儿，奥立弗终于有了主意，他托秘书小姐给老板送了张小纸条。满腹疑惑的老板打开一看，只见上面写着："先生，我排在队伍的第 21 位，请您在看到我之前，先不要作决定。"看到这句话，老板立刻哈哈大笑起来。

结果怎么样呢？当然是奥立弗得到了那个职位，因为一个会动脑筋思考的人总是能够掌握住对自己最有利的局面。

枕边寄语

客观不一定总能有利于我们，但主观却能够，所以，不要去埋怨所处的位置或地势对自己不利，而只需要去思考如何化不利为有利。

寻找死亡克星

100 多年前，因为做外科手术而死亡的病人非常之多，几乎能占到做手术者的 60% ~ 70%。一直居高不下的死亡率令外科医生们很是头疼，他们不明白为什么明明手术很成功，过后伤口还是会化脓溃烂，致使病人痛苦死亡。

英国医生李斯特也同样遇到了这个问题，为了寻找"死亡克星"，他一直积极地探索使外科手术更进步的方法，遗憾的是许多年过去了，问题依然没有得到解决。

这天，李斯特正在翻一本生物学杂志，里面一篇与外科手术

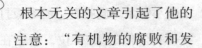

根本无关的文章引起了他的注意：“有机物的腐败和发酵是微生物进入的结果。”那么，他自言自语道，病人的伤口化脓这种有机物腐败也是由微生物引起的了？也就是说，当我们做手术时，那些肉眼看不见却是无处不在的微生物被我们带进了病人的体内，所以才导致了手术的失败和死亡率的居高不下。

从此，在做手术之前，李斯特总会严格地洗手，严格地煮沸医疗器械，甚至连给病人包扎伤口的纱布他都会煮沸后再使用。后来，他又寻找到一种有效杀灭细菌的药剂。运用这些方法后，经他手术的病人的死亡率果然降了很多。

枕边寄语

他山之石，可以攻玉。突破自己原有的知识与职业圈子，多关注一些"与己无关"的东西，有时会有助于我们解决本职难题。

出其不意

村里人世世代代以开山卖石头为生。自从发现本地的石头总是奇形怪状之后，一个青年便决定不卖"重量"卖"造型"，不出几年，他成了村里第一个盖起瓦房的人。

当不许开山、只许种树的政策下来，许多村民开始忙着种果树时，这个青年又急忙种起了柳树。因为他发现本地的特色桃非常好卖，但客人们却总是不愁买不到桃而发愁买不到装桃的筐。几年后，他成了村里第一个在镇上买楼的人。

再后来，他搞起了服装批发，并且和另一家服装批发店隔街相对。如果对方的批发价是 500 元一套，他就卖 450 元；如果对方降到 400 元，他就卖 350 元。所以，一个季节下来，对面只批发出去了不到一百套服装，而他却批发出去了近千套。

终于，对方忍无可忍地跟他吵了起来。面对着众多前来看热闹的人，他一副唯唯诺诺、好人受气的样儿，让人看了心生可怜，

枕边寄语

相比物质和知识的丰富，想象力和创造力的丰富更为重要，因为只有与众不同的想法，才可能带给人们与众不同的收获。

并由衷佩服他的宽宏大量，因此之后总会光临他的小店，以便顺应天意让"好人有好报"。

可是人们不知道的是，其实这两家店都是他的。而之所以自己会跟自己吵起来，完全是因为花钱做广告实在太贵了，而且人们还不一定信。

如何发财

美国佛罗里达州有一位勤劳的农民，为了让自己变得更富有一些，他花掉半生的积蓄买下了一块废弃已久的土地。但是到手以后，他才发现这块土地相当贫瘠，根本种植不了农作物，顿时感到莫名的沮丧。

一天，当他百无聊赖地在土地上溜达时，忽然发现身旁的矮灌木丛中藏着许多响尾蛇。他灵机一动，立刻有了主意。第二天，他就花钱买来了一大批不同种类的蛇——他把这块没用的土地变成了蛇的乐园。

几个月之后，他开始联

系相关商家，捕捉已经长大的蛇做成蛇罐头或者蛇大餐，又把蛇胆回收回来另行出售，甚至蛇毒液中的血清他都提取出来卖给了医院。结果没出几年，他便成了远近闻名的蛇大王，存折上的数字也变得越来越长。

后来，他又突发奇想，把自己的庄园开辟成了"万蛇观赏园"——反正蛇在成长期间也没有其他"任务"，不如利用这个机会再赚一笔。

结果他的生意好得不得了，每天都会吸引来自四面八方的成百上千的观光客。

再后来，他又制作了许多标有"佛罗里达州万蛇庄园"字样的纪念品，出售给前来观光的游客们。

这不但让他没花一分钱就把广告打到了世界各地，而且还又小赚了一笔。

在这整个过程中，农夫所购买的土地并没有改变，改变的只是他看问题的角度。

枕边寄语

最美好的事情，开头往往并不如意，但不管身处何种困境，只要你敢于接受现实，用"有用"而非"无用"的眼光去审视周围的一切，你就能发现改变命运的机会。

反常的办法

退休了的老人回到老家，打算以写回忆录来打发自己晚年的时光。

刚开始，一切看起来都很不错，环境安静，邻居和善，这让老人写作时精神很是集中。可是一周以后，几个男孩子让情况发生了变化。他们都是十来岁正上小学的孩子，甚是调皮捣蛋。每逢放学之后，他们都会在老人门前的空地上踢球玩。说是球，其实只是绑在一起的几个破易拉罐而已，所以踢起来噪音很是让人难以忍受。

终于，再也无法忍受的老人走了出去，把他们几个都叫了过来："你们踢得真好，如果你们能天天给我踢，我就每天给你们一块钱。"

说着，老人真的从兜里掏出几块钱来分给孩子们。几个孩子高兴极了，发誓天天来表演脚上功夫。

几天之后，老人发钱时只给了他们每人五毛钱："我的退休金被扣掉了一部分，所以以后我只能给你们五毛钱了。"孩子们虽然不高兴，却还是接了下来。

再过几天，老人又说道："我把养老金捐给了灾区，所以以后每天只能给你们一毛钱了。"

"一毛钱？"孩子们很不屑地撇撇嘴，"一毛钱谁给你踢球看！"说完，他们就都跑了。

从此之后，老人又过上了安静日子。

越是年轻，逆反心理就越强，想挑战这种心理强制对方改变的人，往往只会落得个惨败的下场。而巧妙地利用它，则能水到渠成地解决问题。

大小房檐

很久以前镇上有位富翁，他性情纯朴、乐善好施，常常接济穷人。

翻盖房屋时，他特别要求负责建造的师傅把四周的房檐加长，以使那些穷困潦倒的人能够在檐下暂避风雪霜寒。

但是出乎富翁意料的是，房子建成后，不但穷人乞丐进来了，连那些做生意的小商小贩们也来了。此起彼伏的吆喝声搅得他家整天鸡犬不宁，最重要的是全家人都无法睡觉。天还没亮，卖早点的小贩们就开始张罗了；都已经过了半夜，卖夜宵的人还在招呼客人。

时间一长，富翁已经年过七旬的父母受不了了，便让儿子出去跟大伙儿说一声。可是富翁的话还没有说完，大伙的指责声便让他张口结舌了。"你盖这么大的房檐不就是为了给别人提供方便吗？难道只是让我们看的？""看来你跟那些土财主也没什么两样，一副假慈悲的德性！"……富翁争吵不过，只好退避三舍，暗自叫苦。

转眼到了夏天，一场暴风雨过后，别人的房子都完好无损，富翁的房子却因为屋檐太长而被掀了顶。镇上的居民看到后不但没有记起他先前的善行，还纷纷幸灾乐祸地说他是恶有恶报。

重建屋顶时，郁闷至极的富翁终于一改以前的作风，把屋檐缩得小小的。以后，他只是时不时地捐钱给慈善机构，让他们代他盖一间小房子，以方便无家可归者暂时歇息。

不想没过几年，不但那些受过小房子荫护的人对富翁感恩戴德，其他的人也纷纷赞叹起富翁的菩萨心肠来。一时间，富翁成了远近闻名的大慈善家，直到他死后好久，还有人在纪念他。

✎*枕边寄语*

施人余荫往往会让受施者有仰人鼻息的自卑感，一旦处理不好，这种自卑感便会变成敌对情绪。看来，你的想法、做法和人们对你的看法有时并不统一，好的愿望还需要有好的方法才能够结出好的果实。

特尔的回答

多年前，当墨西哥正处于贫困时期时，在养猪专业户特尔的身上发生了一件有趣的事。

某天，一位政府官员来到特尔所在的小村子里视察民情，当看到特尔养的猪时，官员问特尔道："你通常都给猪吃什么呢？"

特尔不明白这位长官问话的意思，只能如实回答道："当然是喂它们剩菜剩饭了。"

哪知一句话惹怒了这位官员，他立即给特尔开了张罚单。原来，他是国家卫生部的部长，这次下来，就是为了调查国内疫病不断的原因。他一听给人食用的猪居然是用剩饭剩菜喂出来的，立刻觉得不卫生，应该加以纠正。

没办法，倒霉的特尔只好悻悻然到银行交了那一笔为数不少的罚款。

这件事过去没多长时间，又有一位政府官员前来视察了。当他看到特尔的猪时，也问了上次卫生部长所问的那个问题。

鉴于上次的教训，特尔再也不敢"实话实说"了，而是很小心地回答：

"当然是喂它们山珍海味了。猪是给人类食用的，应该讲究卫生嘛，所以一般来说，总是等猪吃完了，我们才吃剩下的。"

谁知，特尔刚回答完，这位官员便也火冒三丈地给他开了一张罚单。原来，这次前来视察的是国家经济部部长，他认为，国家现在正在闹饥荒，全民都应该节衣缩食，以求尽早度过艰难时期，而特尔居然给猪吃山珍海味，这简直就是浪费国家财产。

无奈之下，可怜的特尔又一次被迫缴纳了这笔罚金。

3个月过后，一位据说官位更大的政府官员前来视察了。碰巧的是，他也问了特尔前两位官员曾经问过的问题。有了前两次的经验，特尔真的学乖了，只听他对这位官员说："吃剩饭剩菜不对，吃山珍海味也不对，所以现在只要用餐时间一到，我就给每只猪发上100元餐费，让它们喜欢吃啥就自己买啥去……"

那位官员一听，立刻哈哈大笑起来，也许他认为特尔是个很滑稽的人吧。

于是，第三次视察就这样过去了。

枕边寄语

挫折是人生的最好导师，也是令人失望的最大敌人，至于它对你是什么，全在你自己把握。倘若将之积累成知识，它便会助你成功；倘若不假思索地固守，它便会引你陷入经验主义的泥淖，直至失败。

第八章

你若贪图简单，

人生就会越变越难

一杯牛奶

为了攒学费，贫穷的小男孩霍华德·凯利不得不一边上学，一边替报社打零工。

某个傍晚，已经送了一整天报纸的凯利饥寒交迫，但摸摸兜里仅有的一角钱，他不得不沿着街道慢慢往家走。

天色越来越暗，凯利的脚步也越来越沉重，他感觉自己马上就要饿晕了。迫于无奈，他决定向一户人家讨口饭吃。可是当年轻的女主人打开门时，他却又害羞了，只低声说想要口水喝。女主人看出了他的饥饿，于是倒了很大一杯牛奶给他，他摇摇头说："对不起，我只有一角钱。"女主人微笑道："你不用付钱。妈妈教导我要施以爱心，不图回报。"

多年后，这位女子得了重病，多方求医都没有效果，最后不得不转

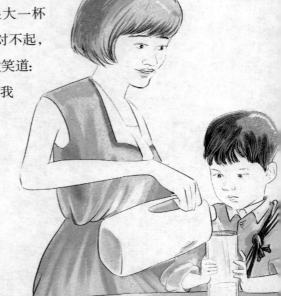

到一家著名的大医院医治。已经成为专家的霍华德医生看到她时，一眼就认出了她是当年送自己牛奶喝的那位恩人，于是不惜一切代价治好了她。

出院时，她不敢看护士给她的医药费通知单，她知道，上面的数额很可能需要耗尽她的余生来偿还。当她终于鼓起勇气打开那张纸时，却见那上面写着："医药费已付———一杯牛奶。霍华德·凯利医生。"

枕边寄语

付出爱，才能赢得爱。付出是回报的前提，越是不图回报地帮助别人，别人便越会记住你的恩情，并在适当的时机给你更为丰厚的报答。

情绪不好

列文是一位经理。某天早晨，他睁开眼睛时发现已经临近上班时间了，原来自己昨晚忘了定闹钟。于是，他赶紧起床洗漱、开车上路，并且连闯了几次红灯，以便尽量把时间赶早一些。谁知，顺利"闯"过几关之后，在距离单位大楼最近的一个路口，列文居然被交警抓了个正着。自然，他被交警狠狠地批了一顿，并领到了一张200元的罚单。

走进办公室，因为迟到加上被罚，列文已经是怒火中烧了。忽然，他看见昨晚让秘书发出去的信件现在还放在桌子上，于是便把秘书叫进来，狠狠地痛骂了一顿。

颇感委屈的秘书走到总机小姐面前发信，顺便找了个茬把总机小姐狠训了几句。

总机小姐一气之下找到清洁工人，借题发挥又对清洁人员大肆指责了一番。

想想公司里现在没有比自己职位更低的人，清洁工人只好把气憋在心里。

下班回到家时，清洁工人忽然见到10岁的儿子把东西扔得到处都是，还趴在地上看电视，当下把儿子一番好训。

小儿子忿忿然跑出了家，冲着那只正盘踞在家门口睡觉的大懒猫狠狠地踢了一脚。大懒猫惨叫一声，赶紧逃到了马路上。恰巧列文经理正打那里经过，为了不至于再被踢，大懒猫先发制人，上去就死命抓了列文一把。

可怜的列文，一只小腿被猫抓得鲜血淋漓，可是抬头再看时，发现猫早已不知去向。

枕边寄语

坏情绪是一种严重的传染病，如果你不加控制地肆意发泄出来，你周遭的所有人都会跟着遭殃。但最遭殃的人必然是你，因为你不但是传染源，还"病"得最厉害。

谁喝谁的汤

老太太平常非常节俭，生日那天，她决定破费一次，到附近的餐馆里吃午饭。

她要了一碗汤，在餐桌前坐下时发现忘了取包子，于是她又起身去拿。当再次回来时，她惊讶地看到一位破衣烂衫的中年男子正在喝自己的那碗汤。

"这个乞丐！他凭什么喝我的汤！要知道我平常都舍不得到饭馆里来吃饭的！"老太太气呼呼地想，"可是，也许他是太穷、太饿了，看这餐桌没人，以为那碗汤是别人剩下不要的呢。"

这样一想，老太太又不想与他计较了。于是，她若无其事地坐在男子旁边，拿起汤匙与男子一同喝起那碗汤来，不一会儿，汤就被喝光了。

这时候，那个男子又起身端来一大碗面条，上面放着两双筷子。老太太心想：你能喝我的汤我也能吃你的面条。于是两人又

枕边寄语

善待别人的人，总能同时得到别人的善待。从来都是这样，你怎么对待世界，世界便会怎么对待你，如果你把理解、宽容和善良给予别人，别人也会给你同样的回报。

一起吃起那碗面来。

　　吃完后，男子站起身："再见！"他冲老太太打招呼道，表情看起来非常愉快，非常欣慰，因为他觉得自己做了一件好事，善待了一位穷困饥饿的老人。

　　老太太转头与男子说再见时，突然发现：旁边桌上放着一碗没人动过的汤，正是自己刚要的那一碗！

咬过的包子

　　看看天快下雨了，我随便走进了路旁的一家快餐店。显然已经有不少人在这里用过午餐，有些桌子上残留着没有收拾的剩菜剩饭。

　　一位衣衫破烂的乞丐正在挨个吃着那些剩食。

　　这时，一位妇女带着一位五六岁的小男孩走进了店里，在我旁边的桌子上坐下来。

　　眼尖的小男孩一下子看到了那个乞丐："妈妈，那个人为什么要吃别人剩下的东西？"

　　"因为他饿，可是又没钱买食物。"妈妈小声地告诉他。

　　"那我可不可以给他买一个包子？我用我自己存的钱。"小男孩从裤兜里掏出两张皱巴巴的纸币，都是五毛的。"可是他只会要别人吃过不要的东西。"妈妈摸了摸儿子的头。

"那，"小男孩歪着头想了一会儿，"我把包子咬一口，当成不要的送给他好吗？"

"好的，宝贝儿。"妈妈微笑着看着自己的小天使。

当服务员把他们要的包子打好包递给他们时，小男孩从袋子里拿出了一个包子，张开小嘴咬了很小很小的一口，然后跑到老乞丐那里，把包子放在他面前的桌上。

老乞丐很惊讶，继而满脸感激之色。

妇女和小男孩走了，我随着他们走出去，"咦？雨什么时候停了。"我自言自语道。

枕边寄语

> 勿以善小而不为。你小小的一个善行，就可能弥补一个破碎的心灵，减轻一个生命的痛苦，这样，你便不会是徒然地活着。

求人不如求己

他一直笃信佛教，每逢初一、十五都必然会去庙里虔诚地拜观音，求她保佑自己事事顺利。

一天，这个人正急着赶去某地办事，天空忽然下起了瓢泼大雨。没办法，他只好躲到一户人家的屋檐下避雨，然后不停地求菩萨赶快让雨停下来。

正着急时，他忽然发现雨中走着一个和观音长得一模一样的人，他不由得问道："您可是观音菩萨？"

"是的，我是。"观音回答道。

"哎呀，我诚心信了您这么多年，今天您终于显灵了！我现在很着急赶去某地，你能带我一程吗？"这人极为高兴地问道。

"你在檐下，而檐下无雨；我在此处，而此处有雨。我无须带你的。"说完，观音就走了。这个人一下子丈二和尚摸不着头脑了。

又过了几天，这个人因为事情办得顺利去庙里答谢菩萨的保佑。刚跪下来，他就发现旁边跪着的竟然还是观音菩萨，于是他特别奇怪地问道："观音菩萨您无所不能，还有什么必要拜自己呢？"

观音看了看他，笑道："我就是想用自己的无所不能来解救自己呀，求人不如求己嘛。"

枕边寄语

　　求人不如求己。遇到事情时，我们往往倾向于得到别人的帮助，久而久之形成习惯，便会忘了自身其实就是一笔挖掘不尽的财富。打破这种习惯性思维，在借助别人力量的同时不忘自力更生，很多困难便都能迎刃而解。

请尊重负重者

拿破仑现在已经是威风凛凛的皇帝了，本来脾气不好的他由于无数事务缠身显得更加暴躁了。

这天天气不错，好不容易闲下来的皇帝终于有机会去后花园散散心了。看着满园花朵妍丽、蜂飞蝶舞，皇帝烦躁的心渐渐地放松了下来。

他慢慢地向前走着，思绪渐渐沉浸到了年轻时的美好回忆里，他脸上的微笑证明了这一点——这可真是太不容易了，现在最好任何人都别去打扰他，否则一定会大祸临头。

不想刚刚拐过一个小弯，一位背着重物的士兵便迎面而来。只见他低垂着头，腰弯到了将近90度，步伐显得十分沉重。皇帝身后的宫廷女卫长一看有人挡路，立刻冲那位士兵大喝道："太放肆了，你还不赶快给皇帝让路！"

听到训斥声，士兵一下子慌了神。

但是没等他迈步让路，就听皇帝急忙阻止道："不，请尊重负重者，让他先过去吧。"说完，拿破仑便退到了路旁，给负重的士兵让开了一条路。

——伟人之所以是伟人，也体现在他无视自己的身份，而对劳动者表示尊重上面吧。

记住和忘却

两位朋友一起在沙滩上漫步，不经意间，海浪扑过来了，两个人一下子都被卷入了海里。

马蒂的游泳技术比沙旺要稍好一些，于是他竭尽全力地把朋友沙旺救了上来。

回头看看险些要了他的命的大海，再扭头看看为了救自己已经筋疲力尽的马蒂，沙旺满心感激，他紧紧地握了握朋友的手，然后掏出水果刀在附近的大石头上刻下这么一句话："某年某月某日，沙旺落海，马蒂不惜自己的性命救了他。"

还是这两位朋友，在沙漠里旅游的时候，因为一点小事吵了起来，马蒂一气之下打了沙旺一个响亮的耳光。沙旺什么都没说，蹲下身去在沙子上写道："某年某月某日，因为争吵，马蒂打了沙旺一个耳光。"

因为沙旺的宽容，两人很快和好如初，马蒂问沙旺道："你为什么把我救你的事刻在石头上，却把我打你的事写在沙子上呢？"

沙旺笑了笑，便带着马蒂来到了海边，指着那块刻有字的大石头对他说："你看，都过去半年多了，它们还在呢，就像我永远会记住你救过我一样。而沙漠里的那些字，一夜过后，就会再也没有踪影，就像我不会记住你打我一样。你不觉得，这样会更好一些吗？"

枕边寄语

永远记住别人对我们的恩惠，同时努力忘记别人对我们无心的伤害。只有这样，我们才能过得轻松快乐，同时，也让友谊之树四季常青。

简单的赞扬

美国幽默作家马克·吐温曾说："一句得体的称赞，能够让我陶醉两个月。"没错，如果对方是发自内心地称赞我们，我们也会回味不已、心情舒畅。但是我想马克·吐温先生所谓的"得体"，除了"名副其实"之外，应该还有"简单"的意思。因为过犹不及，

再得体的称赞，如果
洋洋洒洒几千几万
字，也会让被称赞
者感觉不好意思
甚至是起反感之心。
关于这一点，我有深刻体会。
从小到大，我一直都非常喜欢
写作，发表的东西也不计其数。每
逢有新文章发表，其后的几个月里我都会陆陆续续地收到大量读
者的来信。看到那些连绵不断的溢美之词，我往往只是付之一笑，
连看都没看完就放到了一边。所以，到今天为止，那些信里究竟
写了些什么，我几乎一点也记不起来了。但是有一封信我却至今
记得清清楚楚，那是我高中时的语文老师写给我的。当我诧异那
薄薄的两页纸怎么会是我自己文章的复印件时，我看到了文章最
后不怎么起眼的两个小字："精彩！"就因为这两个字，我好久
都沉浸在愉悦里。至今，这封信我还保留着。看来，只有简单的
赞扬才最让人感动。

枕边寄语

　　每个人都希望自己的努力被别人看见，不要忘记或忽略
赞扬别人。

蜜蜂和天神

很久以前，蜜蜂们还没有刺，不会蜇人，所以它们酿成的蜜总会时不时被人偷走。为此，它们很是烦恼，便决定由蜂后出面去向天神求一件保护武器。

于是蜂后便从蜂房中飞出，飞到夏林比斯山上去见天神，然后把自己带来的香甜可口的蜂蜜献上，等着天神的赏赐。果然，尝过沁人心脾的新鲜蜂蜜，天神甚为高兴："小蜜蜂，我非常高兴你能为我送来如此好吃的蜂蜜，我要封赏你。请说吧，你想要什么？""我想要一根毒刺，让它长在我的尾巴上。"蜂后回答道。

"为什么？"天神大为迷惑。"哦，是这样，"蜂后略略犹豫了一下才说道，"人类总是偷我们辛辛苦苦酿成的蜂蜜，甚至会直接驱逐我们来抢蜂蜜，所以我们想要一根毒刺，等他们再来偷蜂蜜或是侵袭我们时，我们就可以蜇他们，让他们疼痛难忍，再也不敢骚扰我们。"

听到这话，天神很是生气，因为很久之前他也曾经是人，也

⌒枕边寄语⌒

保护自己利益的权利是人人都可以并且应该拥有的，但如果为此便去无限度地伤害别人，那么自己也必然会遭到报应。

曾偷吃过蜂蜜。但是由于有言在先，他已经不好再拒绝蜜蜂的请求，所以他便说道："你们可以得到刺，只是一旦你们用它来蜇人，就要因为失去它而死亡。"

华盛顿与佩恩

　　1754 年，华盛顿还只是一名上校，那年，他曾率领部下驻防在亚历山大市。

　　在弗吉尼亚州议会选举议员时，华盛顿与佩恩曾因为支持的候选人不同而发生过激烈的争论。当时，华盛顿说了一些冒犯佩恩的话，火冒三丈的佩恩想都没想便一拳把华盛顿打倒在了地上。恰在这时，华盛顿的部下赶来了，几个卫士上前拉住佩恩，想为自己的长官报仇。但出乎意料的是，华盛顿却一手抹着嘴角的血，一手拉住了部下："算了，算了，不要打。"然后又极力把他们劝回了营地。

　　第二天，华盛顿托人给佩恩送去一张纸条，说请他到附近的一个小酒馆喝酒。

　　佩恩料定必有一场决斗，便作好了充分的准备，尔后才赶赴酒馆。但令他惊讶的是，华盛顿竟然真的如那张便条上所说，为他准备好了美酒而非手枪。

　　看到佩恩到来，华盛顿微笑着伸出手去："佩恩先生，我真诚地向你道歉，昨天确实是我不对。不过你已经采取行动挽回了面子，呵呵。如果你认为这件事可以到此为止的话，请跟我握握手，我们可以做个朋友。"

佩恩瞪大眼睛，几乎傻了似的握住华盛顿的手，从此成了华盛顿的狂热崇拜者。

枕边寄语

以眼还眼、以牙还牙，这是大多数人解决矛盾的通常做法，但却并非最好做法，因为这只会使仇恨不断升级，而无助于化解矛盾。

6/6 的人生

某天，一位哲学家来到一片保持着原始风貌的山区游山玩水。在乘坐小船游江时，他问奋力摇橹的船夫："你懂数学吗？"

"不懂。"船夫回答。

"哦，那你失去了 1/6 的生命。"哲学家说，然后又问道，"你懂物理吗？"

"不懂。"船夫又回答。

"哦，那你失去了 2/6 的生命。化学呢？你懂不懂？"哲学家接着问。

"不懂。"船夫的回答依旧是那两字。

"天哪，你已经失去 3/6 的生命了。"哲学家惊呼道，"那天文呢？天文你总该懂一点吧？"

"不懂。"船夫还是摇头道。

"上帝，你 4/6 的生命都没有了，你的一生一定会毫无光彩。"哲学家很惋惜地说道，"文学你总该懂点吧？这可是我们日常工作和生活中必不可少的……"

"不懂。"不等哲学家说完，船夫便用一如既往的答案打断了他。

"完了，原来你早就失去 5/6 的生命了。"哲学家深深地叹息着。

这时，天空中突然风云大作，江面上顿时波涛滚滚，船夫把持不住，小船一下子翻了过来，船夫和哲学家都掉进了江里。

看着哲学家拼命挣扎的样子，船夫一边如鱼得水地向前游动，一边回头问道："你会游泳吗？"

"不会。"哲学家大声喊道，意思是让船夫快来救他。

"那你就要失去 6/6 的生命了。"船夫面无表情地回答。

枕边寄语

　　用你的标准去衡量别人，很多人的人生都会没有意义，正如用他们的标准来衡量你，你的人生也毫无意义一样。所以说，在这种标准问题上，我们应该学会因人而异，而非推己及人。

狡猾的狐狸

老虎大王因为年老体衰，已经无力再捕猎觅食了。为了解决自己的一日三餐问题，它决定使用计谋。于是它便躺在自己的洞里装起病来，并把头冲向洞口，时不时痛苦地呻吟几声，以便让附近的动物们听到。

果然，路过老虎洞口的百兽们听到今非昔比的大王呻吟，都很同情它，所以便一只一只地前来探望。老虎乘机把它们都吃掉了，吃不完的，就储藏起来以备以后的不测。

这天，狐狸也来探望老虎了，但是它刚刚走进洞口，又退了回来。它远远地站在洞外高呼道："老虎大王，我狐狸来看望您了，您还好吧？"

老虎在里面装成有气无力的样子回答道："我浑身疼痛，一点劲儿也没有，可能就快不行了。亲爱的狐狸，我感觉好孤独啊，你快进来陪我聊聊天吧。"

枕边寄语

害人之心不可有，防人之心不可无，只有时刻提高警惕才可能保护好自己。与此同时，我们还应注意从他人的灾难中汲取教训，以便避免同样的灾难降临到自己的身上。

狐狸转转眼珠道："哦，不行啊大王，像您这种情况，我怎么敢进去呢？"

老虎在洞里面奇怪地问道："你害怕什么？"

狐狸指指老虎洞前的小路说："你看，这路上这么多的脚印，却都是进去的，没有一个出来的，我怎么会不害怕呢？"

说完，狐狸就转身跑了。

误会

在美国阿拉斯加州流传着一个关于"误会"的故事。它讲的是一对年轻人，结婚后许久才生下一个孩子，由于难产，太太生下孩子便死去了。从此，只有男人带着可怜的孩子孤苦地生活。

可是男人白天要做工，晚上要做家务，忙得实在没时间照顾孩子。送人吧，他舍不得；托人照顾吧，他又没钱。想了许久，他终于想出了一个好办法：训练一只狗照顾婴儿。还好，不久之后，那只机灵的狗便被他训得聪明听话了，不但能保护孩子的安全，还能叼着奶瓶给孩子喂奶喝。

有一天，男人有事要出门，临行之前，他把狗叫过来吩咐它照顾好孩子，那狗像通人性似的点了点头。

当夜，因为途遇大雪，男人比预计的时间晚了好几个小时才到家。刚进门，他就发现哪里有点不对——闻声出来迎接他的狗

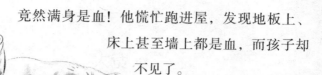

竟然满身是血！他慌忙跑进屋，发现地板上、床上甚至墙上都是血，而孩子却不见了。

一定是这可恶的狗趁主人不在家，把孩子给吃掉了！男人痛苦地大叫了一声，拿起菜刀便朝身后的狗砍了下去，一下、两下……男人满眼通红，而狗渐渐被剁成了肉泥。

当他终于气喘吁吁地停下手时，眼前的情景却把他吓得一下子坐到了地上：只见孩子满脸是血地站在他面前，双眼惊恐无比地看着血淋淋的狗尸体。他一把把孩子揽在怀里，发现孩子竟然没有受伤。这到底是什么怎么回事？他糊涂了。

一直到走进内屋，看到地上狼的尸体，他才明白：原来，家里来了狼，狗为了救小主人，与狼拼死搏斗，最后，狼死了，狗也满身是伤。

清楚了原委，男人顿感胸口一阵疼痛，不分青红皂白的误杀令他后悔莫及，又痛苦万分。

枕边寄语

 冲动是魔鬼，放纵自己的冲动是罪恶。在对别人有所决定与判断之前，请你先冷静下来，确定这并非"误会"，以免等到不可收拾时再追悔莫及。

宽大

越战结束后，父母天天盼着服役的宝贝儿子早点回家。终于有一天，儿子从旧金山打过电话来了："爸妈，我正在途中，很快就能到家了。但是，我有个不情之请，我想带一个朋友跟我一起回家。"

"当然没有问题，"父母很愉快地答道，"我们很高兴见到他。"

"可有件事我得先告诉你们，"儿子接着说道，"我这位朋友曾受了重伤，少了一只胳膊和一条腿，所以他现在走投无路，也无法独立生活。我想请他回来和我们在一起，并麻烦你们照顾他，好吗？"

电话这端明显犹豫了，几秒钟之后，父亲说道："我很遗憾，儿子，你朋友的情况真让我感到非常难过。不过没关系，我或许可以帮他找个安身立命之处。"想了一想，父亲又继续道，"孩子，你知不知道你给自己找了个多大的麻烦，像他这种重度残障的人会给我们的生活造成很大负担的。我们还有自己的日子要过，不能就这样让他破坏了对不对？如果现在还有回旋的余地，我建议你甩掉他，赶快回家来，相信他会找到属于他自己的生存空间的。"刚说到这里，那头的儿子便挂断了电话。从此，父亲就再没有他的消息了。

半个月之后，父亲接到了来自旧金山警察局的电话，说他们亲爱的儿子已经服毒身亡了，并且证实这是单纯的自杀案件。当悲痛欲绝的父母飞到旧金山见到儿子的尸体时，他们都惊呆了：儿子居然只有一只胳膊和一条腿！

很多时候，对别人的残酷，即是对我们自己的残酷，同理，对别人的宽大，有时也会是对我们自己的宽大。虽然没有谁知道"爱"会在何时何地发生，但它却一定会带给我们独特的礼物。

沉默的卡尔文

"沉默的卡尔文"，这个外号说的是美国第三十任总统柯立芝。如果论功劳，这位政绩平平的总统肯定不能和华盛顿、林肯等相比，但如果论特色，他却绝对不会输给任何一位名总统。他的特色就是：能不说就不说！并且事实上，他真的能做到只说三言两语，甚至是一言不发。举个例子：

在1924年的总统大选之际，一位心急的新闻记者找到柯立芝："柯立芝先生，关于这次竞选你有什么话要说吗？"

"没有。"柯立芝立即回答。

"那你能就世界局势给我们谈点什么吗？"记者又问。

"不能。"柯立芝依然是这个字。

"那，请您谈一下关于禁酒令的消息好吗？"记者还是不死心。

"不好。"柯立芝照样面无表情。

失望之下，这位记者只好知趣地转身离开。不想他刚一迈步，柯立芝便在后面开口了，于是他赶忙又转过身来，谁知满脸严肃的柯立芝只说了这样一句："记住，不要引用我的话。"

"我就是想引用，也没的引用！"记者半是赌气半是无奈地嘟囔道。

还有一次，柯立芝到加利福尼亚州旅行，就快返回华盛顿时，有电台记者采访了他，问他是不是有什么话要对加利福尼亚州的人民说。

柯立芝静静地想了一会儿，只说了一个词："再见。"

美国文学家门肯曾经说过："柯立芝作为美国总统，有价值的记录几乎是个空白，所以肯定没有什么人记得他曾经做过什么，或者说过什么话。"但是，大家都错了，也许是"物以稀为贵"，柯立芝说过的很多话后来都成了名言警句。比如 1919 年，他担

✐枕边寄语 ↝

　　"病从口入，祸出口出"，人们的言谈往往是灾祸的发源
地。因此，"谁能保护好自己的口舌，谁在今生与后世就是平
安的。"

任马萨诸塞州的州长时，遭遇了一次波士顿警察大罢工。对此，他发表评论道："任何人，不论在任何地方、任何时候都没有权力举行罢工反对公共安全。"这句话立刻使他在全美国出了名，并且对他日后当选副总统起到了不可小觑的效力。

天堂里的画眉

某天，上帝化作凡人来到了人间。经过一户人家时，他看到了一只被囚禁于笼中的画眉鸟。画眉羽毛鲜艳、眼睛灵活，上帝一下子就喜欢上它了。于是他问画眉："你愿意跟我到天堂去吗？"

"天堂？为什么要去那里呢？"画眉反问道。

"因为天堂里宽敞明亮，不愁吃喝，一派歌舞升平啊。"上帝回答它。

"可我现在也很好啊，主人每天都会给我充足的水和食物。刮风下雨时，他还会迅速把我挂到房间里去。另外，主人还会天天陪我说话、听我唱歌。"

"可是你自由吗？"上帝提出了一个至关重要的问题。

听到这里，画眉一下子沉默了。它静静地想了一会儿，便答应了跟上帝走。于是上帝以胜利者的姿态带回了这只可爱活泼的小画眉，并将它放置在天堂最富丽堂皇的翡翠宫中。然后，他便

忙着去处理各种事务了。

　　大概过了一个月，终于闲下来的上帝才想起了小画眉，他匆匆赶到翡翠宫一看，只见可怜的小画眉正一声不吭地蹲在一只黄金暖壶上。

　　"我的孩子，你过得还好吗？"上帝关切地问。

　　"是啊，感谢上帝，我过得还好。"

　　"那么，你给我说说在天堂生活的感受吧。"上帝有些得意地问道。

　　"哦，这里什么都好。"画眉轻轻地回答道，忽然它长叹了一口气，"就是，就是没有人和我说话、听我唱歌，这可真让我无法忍受。如果以后我还是过这种日子的话，请您把我放回人间吧。"

听了这话，上帝的胜利感突然消失了，取而代之的是一番沉思和感慨。

枕边寄语

人与人之间的沟通和互相欣赏不仅是情感的源泉，还是为人的本能和必需。缺少了这一点，即使生活在天堂，人们也难以找到快乐、自由的感觉。

玫瑰的朋友

一位商人在回家的路上，隐隐约约地闻到了一股香气，他顺着香味寻找，香源是一堆泥土。大喜过望的商人立刻小心翼翼地把泥土装进袋子，背回了家。

他把泥土盛在一只空花盆里，放进房间。过了几天，他的屋子就满是香气了。

利用这盆宝贝泥土，聪明的商人做起了"观赏"生意，一时间，前来参观的人络绎不绝，但包括商人自己在内，谁都不晓得这盆泥土为何会这么香。

一天晚上，把泥土当成"仙土"的商人忍不住久久注视着它："你到底是什么东西呢？你的外表非常像泥土。"

"我就是泥土啊。"泥土突然开口说道。

大吃一惊的商人立刻问道："那你是一种稀有的香料土？还是一种价格昂贵的泥料？要不就是从遥远的大城市来的泥土状珍宝？"

"都不是，我已经说过了，我就是泥土！"花盆里的泥土重复道。

"可是，可是你为什么会这么香呢？"商人大惑不解地问道。

"哦，那只是因为我跟玫瑰花是朋友，曾经在玫瑰园里和它朝夕相处过很长一段时间而已。"泥土打了个呵欠说道。

枕边寄语

环境对人的影响是巨大的，和什么样的人相处，久而久之，我们就会向着什么方向改变。知道了这一点，我们就要努力靠近优秀者，以求自我升华。而更重要的是，要把自己变为可以影响别人的优秀者。

第九章

人生无法做到完美，
我们尽力就好了

老鼠哪去了

　　有一天,朋友讲了一个这样的故事:有3只猎狗正在追一只老鼠,追着追着,只见老鼠动作迅速地钻进了一个树洞。猎狗们围着大树看了看,发现这个树洞只有一个出口,于是就守在那个出口处等着。可是不一会儿,树洞里居然钻出了一只兔子,兔子一看见猎狗凶恶的目光,便立刻玩命地向前飞奔起来,3只猎狗则在后面紧紧地跟随着。跑啊跑啊,兔子终于发现了一棵枝繁叶茂的大树,并迅速爬了上去。看到在下面急得直打转转的猎狗们,树上的兔子不禁暗暗得意起来。但还没高兴完毕,它脚下一滑,已经直直地坠了下来,正好砸晕了正仰头看它的3只猎狗。就这样,兔子终于逃跑了。

　　故事讲完后,朋友问我:"你觉得这个故事有什么问题吗?"

枕边寄语

　　在追求人生目标的过程中,我们常会不知不觉地为一些细枝末节分散精力,以致中途停下或者是走上岔路。要想避免这种情况的发生,我们必须学会时常询问自己:我最原始的目标是什么。

　　我想了想说："兔子是不会爬树的。"

　　朋友点点头："还有吗？""嗯，"我沉思了一下，"一只兔子不可能同时砸晕3只猎狗。"

　　朋友又点点头问道："还有吗？""还有？"我有点疑惑了，还有什么呢？我一时真想不起来了。

　　"还有就是老鼠哪里去了！"朋友强忍住笑说道，"这个问题已经难倒了无数人了。"

　　我恍然大悟，同时又颇有感悟：在整个故事中，半截里突然冒出的兔子让我们的思路在不知不觉中拐了弯，以至于直到结尾时，老鼠竟然在我们的大脑里消失得无影无踪。现实生活里，我们不也常常犯这种舍本逐末的错误吗？

　　看来，以后无论做什么事情，我都需要常常提醒自己：老鼠哪里去了？自己心中的目标哪里去了？

最佳答案

一次，英国某家报纸举办了一项奖金丰厚的有奖竞答活动，题目是：

3 位科学家同时乘坐一个充气不足的热气球旅行。第一位是个环保专家，他的研究可以拯救无数人，使他们免于因为环境污染而面临死亡的厄运。第二位是个核专家，他有能力防止全球性的核战争，使地球免于遭遇灭亡的绝境。第三位是个粮食专家，他能够运用其专业知识在不毛之地成功地种植多种粮食，使成千上万的人脱离饥荒的命运。

此刻，热气球即将坠毁了，我们必须选出一个人，把他丢下去以减轻重量，使其余的两人得以存活，请问我们该丢下哪一位关系世界兴亡命运的科学家呢？

问题刊出后不久，各地的信件便如雪片般飞来了，大家谁都想拿到那笔诱人的丰厚奖金，因此每个人都竭尽所能，甚至是天马行空地阐述着他们认为必须丢下那位科学家的宏观见解。

但最后的结果却让所有人大吃一惊，巨额奖金的得主竟然是一个不到 10 岁的小男孩。他的答案是：把最胖的科学家丢下去。

无独有偶，法国一家报纸也曾进行过一次相似的有奖智力竞答，题目为："如果法国最大的博物馆卢浮宫不幸失火，情境危急只允许你抢救出一幅画，你会救哪一幅呢？"

在成千上万的回答者中，向来以机智聪慧著称的法国作家贝尔纳赢得了该题的奖金。他的答案是：抢离出口最近的那幅画。

复杂的不是问题，而是看问题的眼睛。要知道最佳的成功目标并非最有价值的那个，而是最有可能实现因此最能保证现实利益的那个。

目标等于一半生命

这是一个真实的故事：

斯尔曼是英国著名的登山运动员。你可能无法想象，这样一位世界级的登山者，居然是位残疾青年——他的双腿患有慢性肌肉萎缩症，走路很不方便。但是，他却创造了许多连健全人都难以成就的奇迹：19岁时，他登上了世界屋脊珠穆朗玛峰；21岁时，他征服了著名的阿尔卑斯山；22岁时，他又站到了他父母曾经遇难的乞力马扎罗山的最高峰上；28岁之前，世界上所有著名的高山几乎都曾被他踩在脚下。

只是，令所有人大惑不解的是：这位意志力如此坚强、生命力如此顽强的英雄，居然在他生命最辉煌的时刻，选择了自我毁灭——28 岁时，他在自己的寓所里自杀了。

这是怎么回事呢？斯尔曼的遗嘱告诉了我们答案。原来，他的父母也是登山运动员，不幸的是，这对夫妇在攀登乞力马扎罗山时，因为遭遇雪崩而双双遇难。当时，斯尔曼才 11 岁。为了纪念自己至爱的双亲，小斯尔曼决定遵循父母出发前对他的嘱托：如果我们不幸遇难，请代我们完成征服世界著名高山的心愿。因此，斯尔曼从小就有了明确而具体的目标，这目标不但是他生活的动力，还是他活着的意义。可是，当 28 岁他完成了所有的目标时，他一下子迷失了方向，再也找不到活着的理由了。他感到空前的孤独、无奈以及迷茫，于是绝望之下，他选择了自杀。

"如今，功成名就的我感到无事可做了，我已经没有了新的目标。失去了生命的意义，一个人也便再无活着的必要……"斯尔曼在遗嘱的最后说道。

枕边寄语

目标是一个人生命的意义和方向，缺失了它，我们就失去了前进的原动力，变成了迷茫麻木的行尸走肉。因此，我们每时每刻都要有明确的目标，而更重要的是，还要根据情势变化不断提升自己的目标。

减少目标与减少挫折

世界上没有哪一条成功路是平坦而宽阔的，无论是谁，都会在向目标冲刺的途中遭遇一些挫折。而如何降低遭遇挫折的概率，也就成了大家迫切想解开的难题。

对于这个问题，理想的答案是：尽量减少目标——既然任何一条路上都有坎坷，那么少设几个目标，少走几条没有太大意义的路，不就可以很容易地减少挫折了吗？

当然，这并不是让大家放弃广泛的兴趣与追求，更不是暗示大家停止奋斗、裹足不前，而只是想给"如何减少挫折"一个建议性的答案。不知道大家是不是听过一个这样的故事：

第二次世界大战期间，由于德国潜艇神出鬼没的袭击，同盟军运输船队总是在大西洋遭遇惨重的损失。为此，某盟军将领专门去向一位数学家请教，问他如何才能降低遇到敌军的概率。数学家运用概率学分析之后，发现船队与敌潜艇相遇只是一个随机事件，而且具有一定的规律性：一定数量的船编队规模越小，编次就会越多；而编次越多，与敌人相遇的概率也就越大。因此数学家建议：尽可能扩大编队规模，以降低危险的概率。盟军将领接受了这一建议，命令运输船队集体通过大西洋海域。结果，运输船队遭袭沉没的概率一下子由原来的25%下降到了1%，大大减少了损失。

人生遭遇挫折，其实也像盟军船队遭遇敌潜艇一样，是一个随机事件，并且有一定的规律可循。比方说，如果我们把智慧、精力集中到一个目标或者是少数目标上，我们就会更多、更容易地发现并避免某些可能到来的困难与失败，而且即便遇到挫折，我们也有比较充分的力量去战胜它；相反，如果让多个目标分散了我们的力量和精力，则与挫折相遇的概率就会增大，战胜挫折的可能性就会减小。因此，要想尽可能地减少遭遇挫败的机会、降低损失的程度，我们必须也只能尽量缩小目标范围，甚至把所有的力量都集中在一个目标上。

枕边寄语

只有全身心地瞄准一个目标，倾注于一项事业，我们遭遇挫败的机会才会减少，成功的概率才会增大。

爱因斯坦

爱因斯坦是 20 世纪最伟大的科学家，他之所以能够取得如此令人瞩目的成就，与他一生具有明确的奋斗目标是分不开的。

爱因斯坦出生于德国一个贫穷的犹太人家庭，小学、中学时的学习成绩都不算好，可是他非常想向科学领域发展。怎么办呢？颇有自知之明的他根据成绩对自己进行了分析，他发现：自己对

物理的兴趣最高，而且其成绩也在所有功课当中最好。于是，在读大学时，他选择了瑞士苏黎世联邦理工学院的物理学专业。由于自我定位非常准确，很快，爱因斯坦在物理方面的潜能便得到了超长的发挥。26岁那年，他就发表了科研论文《论分子尺度的新测定》。此后几年，他又先后发表了数篇在全世界都很有影响力的论文，不但发展了普朗克的量子概念，解释了光电效应，还宣布了狭义相对论，推动了人类认识宇宙的重大变革。

想想看，如果当年爱因斯坦所定的目标是天文学、文艺学或者其他什么学科，恐怕就很难取得像在物理领域这样辉煌的成绩了吧？

更值得一提的是，他不但有可贵的自知之明，而且对已经确定了的目标从不半途而废。比如说1952年，鉴于他的突出成就，以色列人民在第一任总统逝世后邀请他接受总统职务，他立刻拒绝了。的确，如果爱因斯坦真的当了总统的话，之后那么大的建树恐怕就再也无从谈起了。

枕边寄语

即便百发百中的神枪手，如果他漫无目标地乱射，也不能达到目的、取得胜利。人生也一样，如果没有明确的目标，做什么事就都很难成功。

切木板

他是个名人，每当有人问起他为什么会有今天的成就，他就会提起小时候的一件事。

很小的时候，他是一个没有耐性的孩子，哪怕碰到一点困难，他都会半途而废。其实只要他稍微努力一下，事情就可以做好了，但他就是缺少那一点耐心。

一天，父亲给了他一块木板和一把小刀，要他在木板上切一条刀痕，并且再三强调：只允许在木板上切一刀。当时，他不明白父亲的用意，只把这当成了一个好玩的游戏。

谁知从那以后，每天父亲都要他在切过的痕迹上再切一次。

终于，他忍不住问父亲道："为什么我不能多刻几刀呢？我

实在不明白您到底想让我做什么。"

父亲笑着对他说："不要着急，过几天你就会知道了。"

许多天过去了，木板上的刀痕越来越深了。某天，他一刀下去，木板被切成了两半。

"爸爸，木板被切成两半了。"幼小的他得意地挥着手中的木板。

"是啊，"父亲忽然意味深长地问他，"这次你只用了和平常一样的力气，却能把木板切成两半。想想看，这是为什么呢？"

"因为以前我已经切了很多刀啊。"他立刻答道。

"那么如果你很用力，却只切一刀的话，木板会不会断呢？"父亲又问。

"不会。"他摇头道。

"没错，好孩子！"父亲忽然感慨地叹道，"所以你应该记住，人一生的成败，并不在于一下子用多大力气，而在于是否能持之以恒。"

这句话像一道闪电，照亮了幼时的他的心。至今，他还记得父亲当时的语气。

枕边寄语

　　有耐心，是成功的必要条件之一。确定目标之后，持之以恒、锲而不舍地行动，才可能到达所希望的目的地。

神枪手与徒弟

很久以前，某地出了一位神枪手，他的枪法被人们传得神乎其神。某天，3个年轻人慕名而来，拜他为师。教了一段时间后，神枪手发现了问题，他把3个徒弟带到了大草原。

神枪手告诉3个徒弟说："今天，我要大家打野兔。现在，你们告诉我，你们都看到了什么？"说着，神枪手比画了一下眼前的草原。

大徒弟首先回答道："我看到了湛蓝的天空、碧绿的大草原、天上飞翔的小鸟以及草原上奔跑着的野兔、野猪、狐狸等猎物。"

看到师父脸上不满意的表情，滑头的二徒弟说："我看到了师父您、师兄、师弟，还有我手里的猎枪和草原上的野兔。"

最后，三徒弟看着眼前奔跑的野兔说："我只看到了野兔。"

神枪手这才点头说："你们记住，眼睛里只有一个目标，你们才会知道自己的枪要指向何处，才不至于浪费子弹还打不着猎

枕边寄语

目标太多，等于没有目标。目标是我们前行的方向，一心一意朝着一个方向前进，我们才能尽快取得成功；如果精力分散，今天向东，明天向西，再努力也只会一事无成。

物，这是作为一个好猎手的最基本条件。同样的道理，你们拜我为师，想学好枪法，心中也只能有一个目标，如果既想学这个又想学那个最后只会让你们学无所成。"

这一课使得 3 个徒弟大受启发，从此去掉了不专心的毛病。3 年之后，3 个徒弟也成了名震一时的神枪手。

王安的遗憾

华裔电脑名人王安博士至今仍对一件小事耿耿于怀。

那时候，他还是个不满 6 岁的小男孩。一次风雨过后，他到外面玩，发现一个被大风吹落在地的鸟巢，里面有一只嗷嗷待哺的小麻雀。不知是因为寒冷、饥饿还是害怕，小麻雀睁着黑溜溜的眼睛盯着王安，小身子一个劲儿地发抖。动了恻隐之心的王安决定把它拿回家去喂养。

可是当他捧着小麻雀进门时，妈妈的话把他挡在了门外："不许在家里养小动物。"他看了看小麻雀的可怜相，实在是不忍心把它丢弃，于是便把它暂时放在门口，跑进厨房去哀求妈妈。

最终，拗不住善良的孩子，妈妈答应了。

王安满心欢喜地跑到门口，却发现小麻雀不见了，只剩下两根带血的羽毛在地上躺着，旁边有只大花猫正意犹未尽地舔着嘴巴。王安立刻伤心地哭了起来，之后很长时间都不能原谅自己。

这件事让他得到了一个教训：凡是自己认定的事情，绝对不可以优柔寡断。正是凭着这个信念，他最终成为优秀的电脑专家。

枕边寄语

面对认定的事情，你可以谨慎行动，却不能优柔寡断。因为前者能使你避免犯错误的机会，而后者却只会让你失去已经到来的成功机会。

只写过一部书

这是世界文学座谈会的现场，一位衣着朴素的小姐正安静地坐在角落里。

她的身旁是一位匈牙利的男作家，看到相貌平平的小姐，那位男作家满脸傲气地过去搭讪。

"嗨，"他打招呼道，"你也是来参加座谈会的作家？"

"哦，是的。"小姐面带微笑，语调很是和气。

"那你都写过什么呀？"男作家问道。

"哦，我没有写过多少东西，只是写小说罢了。"小姐谦虚地答道。

"这可不行。一个伟大的作家是要什么都会写的。你知道吗？到目前为止，我已经出版了30几部小说、七八部散文集，还有无数的诗歌，不久之后，我的诗集也会出版了。"

"哦，祝贺你。"小姐很真诚地回复道。

"你说你擅长写小说，那你写过多少部小说呢？"男作家又问道。

"哦，只有一部而已。"小姐回答道。

"啊，才一部啊，看来你真是非常荣幸了，要知道这么有名的座谈会一般来说只请非常有名的作家。你那一部小说叫什么名字？"男作家再次问道。

"《飘》。"小姐很简短地回答道。

男作家一下子傻了，原来，她就是大名鼎鼎的玛格丽特·米切尔！

那天晚上，米切尔是唯一的金奖得主。

枕边寄语

　　质量胜于数量。做事不在大小、不在多少，关键在于你的态度和做事的结果，认真做好一件小事远胜于马虎地做一些大事。

一捆筷子

一位老人辛苦一生，积蓄起了丰厚的家产。本来，他打算临终前把财产平均分给3个儿子，可是没想到，自己刚一病倒，3个儿子便争起家产来，闹得全家不和不说，邻居还趁机抢起他家的土地来。

老人很伤心，弥留之际，决定给儿子们上最后一课。于是，他把3个儿子叫到床前，拿出一把筷子，给每人分了一根，说："你们折断它。"3个儿子不费吹灰之力便把手中的筷子折断了。

这时候，老人把剩下的筷子绑在一起，递给老大说："你再折。"结果，老大使出吃奶的劲儿也没折断，老二、老三也一样，都没能折断。

老人道："你们兄弟三人，每人都相当于一根筷子。如果彼此分离，别人会很容易把你们一一折断，倘若绑在一起，那就什么力量都不能把你们摧毁了。这就是我临终之前要告诉你们的话。"

枕边寄语

　　堡垒最容易从内部攻破，如果发生内讧，家庭、组织就会很容易走向衰败。而团结就是力量，众人一心，则能无坚不摧。

看到 3 个儿子恍然大悟的表情，老人放心地闭上了双眼。

后来，三兄弟真的像父亲希望的那样紧紧绑在一起了。他们击退了胡闹的邻居，又用父亲的遗产一起创办了一家工厂，日子越过越好。

卖房子

他已经快 70 岁了，身体越来越差，终于再不能自理了，于是他决定搬到养老院去住。他无儿无女，唯一牵挂的就是这座房子，这座白色的小别墅是他一生的心血，上面每一颗钉子都经他的手抚摸过。他舍不得，真的舍不得，可是他又能怎么样呢？卖吧！

15 万元的底价吸引了大批的买房者，要知道在这个地段，这么漂亮的房子一般要价都在 30 万元左右的。半个月之后，这座别墅的底价被购买者们炒到了 20 万元，可是老人依然有不舍之意。

这位年轻人进来时，老人正在往院子里搬一把沉重的藤椅，看到老人吃力的样子，他急忙跑上前去帮他把藤椅搬了出来。

"我只有 5 万元钱，但是我很想买下这座房子。"年轻人说。

"哦，这恐怕不行，你知道现在底价都已经到了 20 万。"老人回答说。

"我与其他的购买者不同，"年轻人语气相当诚恳，"如果您肯把房子卖给我，您可以继续在这里住，所有的东西都可以不动。而且，我也会像儿子对待父亲那样照顾您、侍奉您，就像刚才那样。"

这个提议立刻让眷恋房子的老人眼睛一亮，犹豫了几秒钟之后，他便让年轻人实现了这个几乎是不可能的梦想。

枕边寄语

实现梦想、赢得竞争，不一定非得和汗水、残酷、欺诈等字眼相连，一颗仁爱之心，往往能让一个人成为最大的赢家。

天堂与地狱

一个生前经常行善的人死后见到了上帝，便向上帝请教那个他好奇了一辈子的问题：天堂和地狱有什么区别。于是上帝便让天使带他去参观一下天堂和地狱，让他自己去感受。

天使首先带他来到了地狱。只见房中摆了一张很大的餐桌，上面放满了色香味俱全的丰盛佳肴和十几把几尺长的大勺子。

"这是地狱？"善人有点迷惑，地狱里的生活怎么会这么好呢？

"不要着急，慢慢看。"天使微笑着提醒他道。

　　正说着，进餐的时间到了。只见地狱里的人一个接一个地走进房间开始吃饭，可是勺子实在是太长了，尽管他们每个人都非常努力，却依然无法把勺子里的饭送到自己口中，所以这些人全都饿得骨瘦如柴、有气无力的。

　　看过了地狱，天使又带着善人来到了天堂。但是没想到，天堂里竟然摆着和地狱里一模一样的一桌佳肴，而且还是那样的大勺子。

　　"这，你是不是弄错了？"善人非常惊讶。

　　"不，你看他们。"天使微笑着指着吃饭的人们。

　　原来，由于勺子太长，天堂的人们都在相互喂对面的人吃，这样，不但谁都能吃饱，还促进了彼此的关系。现在他们每个人脸上都挂着满意的微笑，显然吃得非常愉快。

善人一下子明白了：看来，是生活在天堂还是地狱，只看你愿不愿意跟人合作啊！

枕边寄语

每个人的才能和力量都是有限的，单靠自己，有些事情往往难以做到。学会与人合作，不仅是生存的前提，还是快乐的源泉。

施氏与孟氏

春秋时期，施姓人家有两个儿子，一个爱好学术，一个精通兵法。爱好学术的儿子以仁义之说来游说齐王，齐王闻之有理，遂命其为众公子的老师。精通兵法的儿子以用兵之道来游说楚王，楚王大喜，也重用了他，任命其为军师。靠着这两个儿子，施家不仅衣食无忧，还盛名远扬，这让两位老人感觉甚为荣耀。

看到这种情况，施家的邻居孟家很是羡慕，于是也把自己的两个儿子培养成了一个爱文、一个好武。爱文的儿子来到了秦国，可是当他以仁义之道游说秦王时，却惹得秦王大怒："当前诸侯争战激烈，我们最迫切的需要是筹集良马与军饷。你让我以仁义来治国，岂不是让我自取灭亡！"遂下令对他施以宫刑。

好武的儿子前往卫国，以兵法游说卫王。卫王皱着眉头说："我们是个小国，民少国衰，夹在诸大国之中，尽心服从尚且不足自保，你还让我对其动武，这不是明摆着让我自取灭亡吗？"想一想又接着说道，"如果我让你全身而退，你肯定会再到别国去游说，这很可能对我国造成极大的祸害，所以……"卫王挥挥手，命人砍去了他的双脚。

看着伤痕累累的两个儿子，孟家父母捶胸顿足、痛哭不已，并不断抱怨起施氏来。

施氏正色道："凡事能把握时机者方能昌盛，断送时机者则会灭亡。您儿子跟我儿子的学问一样，结果却不同，这并非由于他们方法不对，而只是错过了时机。

"要知道天下的事情并没有永远的对与错，以前的所用，今天或许就被抛弃；而今天抛弃的，明天也许还会派上用场。这种用与不用，并没有绝对客观的标准。所以说，一个人只有懂得见机行事，才可能长久立于不败之地。否则，即使拥有孔丘那么渊

枕边寄语

即便一样的才华，运用的对象与时机不同，结果也会迥然不同。只有懂得变通，见机行事，我们才可能成为掌控时局的主人。

博的学问，或者拥有姜尚那么精湛的战术，又有什么用呢？"

一番话说得孟家大小哑口无言。

袋鼠与围栏

动物园新来了一只袋鼠，管理员把它关在一片草地上，草地四周的围栏大概有 1 米高。

第二天早晨，管理员准备喂袋鼠时，发现袋鼠竟然正在围栏外的树丛里蹦跳着。他意识到是围栏太低了，于是立刻请人把围栏的高度加到了 2 米，然后把袋鼠关了进去。

第三天早晨，管理员又看见袋鼠跑到了草地旁的树林里，于是再次把围栏加高到了 3 米，把袋鼠关了进去。

结果第四天，可怜的管理员发现袋鼠还是在围栏外站着，他真是头疼死了：难道就没有什么办法能关住袋鼠吗？

正在这时，袋鼠的邻居长颈鹿从它的围栏中探出头来，问袋鼠道："根据你的经验，这围栏到底要加到多高才关得住

枕边寄语

有因才有果，失败的结果必然是由错误的行为引起的。如果不能正确分析失败的原因，做再多的努力也于事无补。

你呢？"

袋鼠回答说："这我可不知道，也许 5 米，也许 10 米，也许 100 米都关不住我——如果这位管理员还是忘记把围栏门锁上的话。"

拯救海星

大海刚刚退潮，渔民便发现自己 7 岁的小儿子不见了，他慌忙跑出去寻找。快到海边时，他看见儿子小小的身影正在海滩上一直一弯地跳舞。等到再走近些，他才看清楚儿子并不是在玩耍，而是在捡涨潮时被海水冲到沙滩上的海星，并且每捡到一个，儿子便颠着小脚丫把它送到海里去。

"你在干什么，儿子？"渔民大声喊道。

"我在拯救海星，爸爸。"儿子以稚嫩的声音回答道，然后冲爸爸做了一个表示有力量的动作。

"你为什么要这么做？"渔民奇怪地问。

"你看这些海星多可怜啊，它们被海水冲到岸上好久了，都快渴死了。"儿子一边抹汗一边回答爸爸。

"哦，我明白了。但是光这片海滩就有数不尽的海星，你这样一个一个地捡，得捡到什么时候啊？"渔民微笑着反问儿子。

7岁的小男孩愣愣地站在那里，显然他根本就没有意识到这个问题。

"所以，快跟爸爸回家吧，这样做是没用的。"说完，渔民便拉起了儿子的小手。

没想到儿子却固执地甩开了："不，爸爸，最起码，这只海星可以活下来。"他摊开手，在他小小的掌心里，静静地卧着一只奄奄一息的小海星。

渔民愣住了，继而，他的眼睛里含满了亮晶晶的东西："你是对的，儿子。没错，最起码，这只海星可以活下来。"说着，渔民便弯下腰，和儿子一样拯救起海星来。

是啊，虽然时间、能力等有限，很多美好的事情我们都不能

枕边寄语

一沙一世界，一花一天堂，并非只有惊天动地的大事情才能阐述世界的意义，体现人生的价值。改变命运，应从现在开始，从点滴开始。

做到，但是，做一些力所能及的小事，改变其他人或事物的命运，不也是一种美好吗？

成功秘诀

台湾有个著名的塑料制品企业家叫王永庆，他在一篇自传式的小文中，提到了自己的成长经历，读来很是令人感动。

王永庆出生在台北市新店县一个叫直潭的小地方，作为长子，他从小就承担了许多格外粗重的活计，比如挑水就是其中一项很苦的差役。还在十来岁的时候，小永庆便包下了这个任务。那时，他每天都需要很早就起床，赤着脚，扛着扁担和水桶，一步步爬上屋后200多米高的小山坡，再走到山下汲水，然后再循原路挑水回家。往往反复五六趟，连挑十几桶水后，他才算完成任务。做完这些工作之后，他便匆匆赶六里地的山路去上学。

由于从小就生活在这样的环境里，所以小永庆一直在心理上认为：这些苦役都是自己的分内之事，所以并不应该叫"苦"。可见，吃苦对于渐渐长大的他来说，已经成了一种习惯。

小学毕业后，王永庆背井离乡，来到嘉义的一家米店当学徒。一年之后，颇有眼光的父亲给他贷了200块钱，帮他开起了自己的米店。

自打有了自己的米店以后，王永庆便展开了独具一格的经营模式——他首先按买主家的人口计算出其一个月所需要的米量，然后定期主动上门寻找生意。

结果，这种"服务到家"的计划给他带来了非常可观的收益。另外，在回收米款上，他也设计出了颇具自己特色的方式，即总是等到顾客领薪的日子前去收米钱，自然，十之八九他都非常顺利地拿到了钱。

有了一定的经济基础和顾客群之后，单单经营米店已经满足不了这位大器之才的心了。于是第二年，他便增添了碾米设备，开始了从原材料到成品的"一条龙"服务。

当时，他米店的隔壁有一家日本人经营的碾米厂，为了跟条件优越的外国人一争高下，王永庆想出了种种省钱的招儿。辛苦劳作之下，他最终真的克服了条件上的差异，使得业绩远远超过了日本经营者。

用心经营多年之后，那种粗浅经验已经成了王永庆的一笔巨大财富。后来，他把这笔"财富"用在了自己的台塑企业管理制度上，使得新事业也更上一层楼。

"成功虽然也需要风云际会，但更重要的是，当机会来临时，你本身早已作好了准备。对我而言，这种准备是用多年的吃苦换来的。"王永庆这样总结道。

枕边寄语

"怕吃苦，苦一辈子；不怕吃苦，苦半辈子。"所以，成功的秘诀就是——吃必要的苦，耐必要的劳，并在其间积蓄起寻找和迎接成功机会的能力。

图书在版编目（CIP）数据

枕边小品：你的人生解答书/文若愚编著．—北
京：中国华侨出版社，2017.12（2019.1 重印）
ISBN 978-7-5113-7101-0

Ⅰ.①枕… Ⅱ.①文… Ⅲ.①人生哲学－通俗读物
Ⅳ.① B821-49

中国版本图书馆 CIP 数据核字（2017）第 259108 号

枕边小品：你的人生解答书

编　　著：文若愚
出 版 人：刘凤珍
责任编辑：姜　婷
封面设计：施凌云
文字编辑：于海娣　黎　娜
美术编辑：张　诚
插图绘制：李金凤
经　　销：新华书店
开　　本：880mm×1230mm　1/32　印张：8　字数：179 千字
印　　刷：三河市京兰印务有限公司
版　　次：2017 年 12 月第 1 版　　2021 年 11 月第 5 次印刷
书　　号：ISBN 978-7-5113-7101-0
定　　价：36.00 元

中国华侨出版社　北京市朝阳区静安里 26 号通成达大厦 3 层　邮编：100028
发 行 部：（010）88893001　　　　传　真：（010）62707370

如果发现印装质量问题，影响阅读，请与印刷厂联系调换。